Otto Mildenberger

Aufgabensammlung

System- und
Signaltheorie

Literatur für das Grundstudium

Mathematik für Ingenieure
von L. Papula, 2 Bände

Übungsbuch zur Mathematik für Ingenieure
von L. Papula

Mathematische Formelsammlung
von L. Papula

Physik
von J. Eichler

Elektrotechnik für Ingenieure
von W. Weißgerber, 3 Bände

Elemente der angewandten Elektronik
von E. Böhmer

Rechenübungen zur angewandten Elektronik
von E. Böhmer

Elektronik
von B. Morgenstern, 3 Bände

Arbeitshilfen und Formeln für das technische Studium
von A. Böge, 4 Bände

Elektrische Meßtechnik
von K. Bergmann

Werkstoffkunde für die Elektrotechnik
von P. Guillery, R. Hezel und B. Reppich

Lehr- und Übungsbuch der Technischen Mechanik
von H. H. Gloistehn, 3 Bände

Vieweg

Otto Mildenberger

Aufgabensammlung
System- und Signaltheorie

Zeitkontinuierliche und zeitdiskrete Systeme
Fourier-, Laplace- und z-Transformation
Stochastische Signale

Mit 129 durchgerechneten Aufgaben
und 220 Abbildungen

Umschlag: Klaus Birk, Wiesbaden
Druck und buchbinderische Verarbeitung: Lengericher Handelsdruckerei, Lengerich
Gedruckt auf säurefreiem Papier
Printed in Germany

ISBN 3-528-06611-3

Vorwort

Die Systemtheorie ist heute ein an allen Hochschulen eingeführtes Grundlagenfach für Elektrotechniker. Ihre Verfahren werden nicht nur in der Nachrichten- und Informationstechnik, sondern auch in der Meß- und Regelungstechnik angewendet. Für das Gebiet der Systemtheorie gibt es inzwischen zahlreiche gute Lehrbücher.

Eine ausreichende Vertiefung des Stoffes und eine Beherrschung der Methoden der Systemtheorie ist ohne das selbständige Lösen geeigneter Übungsaufgaben kaum erreichbar. Die vorliegende Aufgabensammlung mit insgesamt 129 durchgerechneten Aufgaben soll hierzu einen Beitrag leisten.

Im Abschnitt 1 werden die zur Lösung der Aufgaben notwendigen Gleichungen und Ergebnisse zusammengestellt. Der Abschnitt 2 enthält 23 Aufgaben, zur Ermittlung von Systemreaktionen kontinuierlicher Systeme im Zeitbereich, also ohne die Anwendung der Fourier- oder Laplace-Transformation. Der Abschnitt 3 enthält 22 Aufgaben zur Fourier-Transformation. Ideale Übertragungssysteme werden im Abschnitt 4 mit 14 Aufgaben behandelt. Der Abschnitt 5 bezieht sich mit 18 Aufgaben auf die Laplace-Transformation. Der Abschnitt 6 enthält 18 Aufgaben über zeitdiskrete Signale und Systeme. Die Abschnitte 7 mit 16 Aufgaben und 8 mit 18 Aufgaben beziehen sich auf Zufallssignale und die Reaktion linearer Systeme auf zufällige Signale. Ein Anhang enthält schließlich Korrespondenztabellen zur Fourier-, Laplace- und z-Transformation.

Innerhalb der Abschnitte sind die Aufgaben themenmäßig in Gruppen unterteilt. Die jeweils letzte Gruppe enthält Aufgaben über das gesamte Gebiet mit Lösungen in Kurzform (Kennzeichnung der Aufgaben mit "K"). Die Aufgaben in den anderen Gruppen sind ausführlich gelöst. Dies gilt besonders für die mit "E" gekennzeichneten Aufgaben, die oft noch zusätzliche Hinweise enthalten. Der Leser sollte diese Aufgaben zuerst durcharbeiten.

Für Hinweise und Anregungen, insbesondere auch aus dem Kreis der Studentinnen und Studenten, ist der Autor dankbar. Für die Hilfe bei der Erstellung des Manuskriptes schulde ich meiner Frau besonderen Dank. Dem Verlag danke ich für die angenehme Zusammenarbeit.

Mainz, im Oktober 1993   Otto Mildenberger

Inhaltsverzeichnis

Verzeichnis der wichtigsten Formelzeichen

Bezeichnungen in diesem Buch		*abweichende Bezeichnungen in anderen Büchern*
$A(\omega)$, $B(\omega)$	Dämpfungs-, Phasenfunktion	$\alpha(\omega)$, $\Theta(\omega)$
$E[\ ]$, σ^2	Erwartungswert und Streuung einer Zufallsgröße	
$\delta(t)$, $\delta(n)$	Dirac-Impuls, Einheitsimpuls	
$f(t)$, $f(n)$	Zeitfunktion, Zeitfolge	
$F(j\omega)$, $F(s)$	Fourier-, Laplace-Transformierte einer Funktion $f(t)$	
$F(z)$	z-Transformierte einer Folge $f(n)$	
$g(t)$, $g(n)$	Impulsantwort eines kontinuierlichen und eines zeitdiskreten Systems	$h(t)$, $h(n)$
$G(j\omega)$	Übertragungsfunktion	$H(j\omega)$
$G(s)$, $G(z)$	Laplace- bzw. z-Transformierte der Impulsantwort	$H(s)$, $H(z)$
$h(t)$, $h(n)$	Sprungantwort eines kontinuierlichen und eines zeitdiskreten Systems	$a(t)$, $a(n)$
$p(x)$, $F(x)$	Dichte- und Verteilungsfunktion	
$P(A)$	Wahrscheinlichkeit der Zufallsgröße A	
r	Korrelationskoeffizient	
$R(\omega)$, $X(\omega)$	Real- und Imaginärteil einer Fourier-Transformierten	
$R_{XX}(\tau)$, $R_{XY}(\tau)$	Auto- und Kreuzkorrelationsfunktion	$\Phi_{XX}(\tau)$, $\Phi_{XY}(\tau)$
$s = \sigma + j\omega$	komplexe Variable der Laplace-Transformation	$p = \sigma + j\omega$
$s(t)$, $s(n)$	Sprungfunktion, Sprungfolge	$\varepsilon(t)$, $\varepsilon(n)$
$\operatorname{sgn} t$	Signumfunktion	
$S_{XX}(\omega)$, $S_{XY}(\omega)$	spektrale Leistungsdichte, Kreuzleistungsdichte	$\Phi_{XX}(\omega)$, $\Phi_{XY}(\omega)$
$x(t)$, $x(n)$	Eingangssignal eines kontinuierlichen bzw. zeitdiskreten Systems	
$y(t)$, $y(n)$	Ausgangssignal eines kontinuierlichen bzw. zeitdiskreten Systems	
X, Y	Zufallsvariablen	
z	komplexe Variable der z-Transformation	
$*$	Faltungssymbol	
O—	Korrespondenzsymbol der Fourier-, Laplace- und z-Transformation	

Hinweis:

Bei der Angabe der abweichenden Formelzeichen in anderen Büchern handelt es sich lediglich um eine Auswahl. Die Angabe einer vollständigen Liste ist wegen der zahlreichen anderen Bezeichnungen nicht möglich.

Einführung

Im Abschnitt 1 werden die wichtigsten Beziehungen und Gleichungen zusammengestellt, die zur Lösung der Aufgaben in den Folgeabschnitten benötigt werden. Die Verwendung einheitlicher Formelzeichen hat sich in der Systemtheorie leider noch nicht durchgesetzt. Die größten Unterschiede gibt es bei der Bezeichnung der Impulsantwort (hier $g(t)$, sonst auch oft $h(t)$), der Sprungantwort (hier $h(t)$, sonst auch oft $a(t)$) und der Bezeichnung von Übertragungsfunktionen (hier $G(j\omega)$, sonst auch oft $H(j\omega)$). Auch für die komplexe Variable von Laplace-Transformierten sind unterschiedliche Bezeichnungen üblich (hier s, sonst oft p) Diese unterschiedlichen Bezeichnungen sind für die Studentin oder den Studenten, der die Aufgaben durcharbeiten möchte, ein zusätzliches Problem. Bei der Zusammenstellung der Formelzeichen wird auf einige alternative Bezeichnungen kurz hingewiesen. Allerdings ist eine vollständige Auflistung der in der Literatur verwendeten unterschiedlichen Formelzeichen völlig unmöglich und auch nicht sinnvoll.

Ansonsten ist der Aufbau dieser Aufgabensammlung an das Lehrbuch

   System- und Signaltheorie, 3. Auflage 1994 v. O. Mildenberger

angepaßt. Verweise auf Lehrbuchabschnitte beziehen sich stets auf dieses Buch.

Die Aufgaben in den einzelnen Abschnitten sind in Aufgabengruppen mit bestimmten Schwerpunkten unterteilt. Die jeweils letzte Aufgabengruppe eines Abschnittes enthält Aufgaben, die sich auf den gesamten Stoff des betreffenden Lehrbuchabschnittes beziehen. Diese Aufgaben sind zusätzlich mit "K" gekennzeichnet und das bedeutet, daß die Lösungen in kürzerer Form angegeben sind. Bei den anderen Aufgabengruppen gibt es jeweils mindestens eine, die mit "E" gekennzeichnet ist. Hierbei handelt es sich um besonders charakteristische Aufgaben zu dem betreffenden Stoffgebiet mit besonders ausführlichen Lösungen und oft noch zusätzlichen Hinweisen. Es wird empfohlen diese Aufgaben zuerst zu bearbeiten.

1 Eine Zusammenstellung der wichtigsten Gleichungen und Beziehungen

In diesem Abschnitt werden die wichtigsten Beziehungen und Gleichungen zusammengestellt, die zur Lösung der Aufgaben in den Folgeabschnitten benötigt werden. Auf Beweise und ausführlichere Erläuterungen wird dabei in der Regel verzichtet, der Leser wird hier auf das Lehrbuch verwiesen.

1.1 Normierung

In der System- und Signaltheorie rechnet man in der Regel mit normierten (dimensionslosen) Größen. Eine Normierung erfolgt dadurch, daß die wirklichen Größen auf geeignet gewählte Bezugsgrößen bezogen werden. Dies kann im einfachsten Fall dadurch geschehen, daß man die Ströme auf 1 A, die Spannungen auf 1 V, Zeiten auf 1 s usw. bezieht. Durch die dimensionslose Rechnung gehen Größengleichungen in Zahlenwertgleichungen über, und eine Dimensionskontrolle der Ergebnisse ist nicht mehr möglich.

In diesem Abschnitt bezeichnen wir wirkliche dimensionsbehaftete Größen mit dem Index "w", die normierten Größen mit dem Index "n", der Index "b" bezeichnet die (dimensionsbehafteten) Bezugsgrößen. In den Folgeabschnitten wird jedoch auf eine Indizierung verzichtet. Normalerweise wird normiert gerechnet. Dort, wo gleichzeitig normierte und nicht normierte Größen auftreten, wird ausdrücklich darauf hingewiesen.

Wenn ω_b die Bezugskreisfrequenz ist, dann ist

$$\omega_n = \frac{\omega_w}{\omega_b} = \frac{2\pi f_w}{2\pi f_b} = \frac{f_w}{f_b} = f_n \tag{1.1}$$

die normierte Frequenz. Wir erkennen, daß eine Unterscheidung zwischen der Kreisfrequenz ω_n und der Frequenz f_n bei den normierten Größen nicht mehr nötig ist.

Alle Impedanzen eines Netzwerkes werden auf einen reellen Bezugswiderstand $R_b > 0$ bezogen, damit erhalten wir die normierte Impedanz

$$Z_n = \frac{Z_w}{R_b}. \tag{1.2}$$

Mit den beiden Gleichungen 1.1 und 1.2 gewinnt man die in der Tabelle 1.1 zusammengestellten Beziehungen für die Bauelemente R, L, C.

Wir beziehen nun weiterhin alle Spannungen in einem Netzwerk auf eine (beliebige) Bezugsspannung U_b und die Ströme auf den Bezugsstrom $I_b = U_b/R_b$:

$$U_n = \frac{U_w}{U_b}, \quad I_n = \frac{I_w}{I_b} \text{ mit } \frac{U_b}{I_b} = R_b. \tag{1.3}$$

Falls wir bei Netzwerken eine Übertragungsfunktion $G_w = U_{2w}/U_{1w}$ mit der Ursache U_{1w} und der Wirkung U_{2w} ermitteln wollen, so erhalten wir mit normierten und mit nicht normierten Größen das gleiche Ergebnis:

$$G_w = \frac{U_{2w}}{U_{1w}} = \frac{U_{2n} \cdot U_b}{U_{1n} \cdot U_b} = \frac{U_{2n}}{U_{1n}} = G_n = G.$$

Anders ist dies, wenn Ursache und Wirkung nicht beide Spannungen (oder beide Ströme) sind. Ist die Ursache z.B. ein Strom und die Wirkung eine Spannung, so gilt

$$G_w = \frac{U_{2w}}{I_{1w}} = \frac{U_{2n} \cdot U_b}{I_{1n} \cdot I_b} = \frac{U_{2n}}{I_{1n}} \cdot \frac{U_b}{I_b} = R_b \frac{U_{2n}}{I_{1n}} = R_b \cdot G_n.$$

Die sich aus den normierten Größen ergebende Übertragungsfunktion $G_n = U_{2n}/I_{1n}$ ergibt mit dem Bezugswiderstand R_b multipliziert die wirkliche Übertragungsfunktion G_w, die ja die Dimension eines Widerstandes aufweist.

Als letzte zu normierende Größe bleibt die Zeit übrig. Wenn man z.B. ein Signal $\sin(\omega t)$ betrachtet, dann muß das (dimensionslose) Produkt ωt sicherlich im normierten und auch im nicht normierten Fall gleich groß sein. Dies bedeutet $\omega_w \cdot t_w = \omega_n \cdot t_n$ und dann folgt

$$t_n = \frac{\omega_w}{\omega_n} t_w = \omega_b \cdot t_w, \qquad (1.4)$$

die Bezugszeit hat also den Wert $t_b = 1/\omega_b$.

Falls bei einem System eine normierte Ausgangsspannung $u_n(t_n)$ berechnet wurde, erhält man die wirkliche Spannung $u_w(t_w) = U_b u_n(t_w \omega_b)$.

Symbol	Bezeichnung	Bemerkung
$R_n = R_w/R_b$	normierter Widerstand	$R_b > 0$ (reell), Bezugswiderstand
$\omega_n = \omega_w/\omega_b = f_w/f_b$	normierte Frequenz	ω_b, f_b Bezugskreisfrequenz, Bezugsfrequenz
$L_n = \omega_b L_w/R_b$	normierte Induktivität	
$C_n = \omega_b C_w R_b$	normierte Kapazität	
$U_n = U_w/U_b$	normierte Spannung	$U_b > 0$ (reell), Bezugsspannung
$I_n = I_w/I_b$	normierter Strom	$I_b = U_b/R_b$ Bezugsstrom
$t_n = t_w/t_b = t_w \omega_b$	normierte Zeit	$t_b = 1/\omega_b$ Bezugszeit

Tabelle 1.1 Zusammenstellung der normierten Größen

1.2 Wichtige Grundlagen der Signal- und Systemtheorie

Die in diesem Abschnitt angegebenen Beziehungen und Gleichungen werden im Abschnitt 2 des Lehrbuches (bei den älteren Auflagen Abschnitt 1) erklärt und abgeleitet.

Elementarsignale

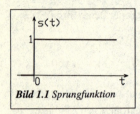

Bild 1.1 *Sprungfunktion*

Sprungfunktion:

$$s(t) = \begin{cases} 0 \text{ für } t < 0 \\ 1 \text{ für } t > 0 \end{cases}. \tag{2.1}$$

$s(t)$ kann z.B. die Eingangsspannung eines Systems annähern, die für $t < 0$ praktisch verschwindet und bei $t = 0$ sehr schnell auf 1 (V) ansteigt und diesen Wert beibehält. Darüber hinaus kann man mit $s(t)$ oft abschnittsweise definierte Signale in geschlossener Form darstellen.

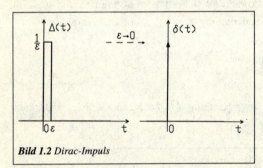

Bild 1.2 *Dirac-Impuls*

Dirac-Impuls:

$$\delta(t) = \lim_{\varepsilon \to 0} \Delta(t),$$

$$\delta(t) = \lim_{\omega_0 \to \infty} \frac{\sin(\omega_0 t)}{\pi t},$$

$$\delta(t) = \lim_{\varepsilon \to 0} \frac{1}{\sqrt{\pi \varepsilon}} e^{-t^2/\varepsilon}. \tag{2.2}$$

Das Bild 1.2 zeigt $\delta(t)$ als Grenzfall der Funktion $\Delta(t)$ im Fall $\varepsilon \to 0$. Es gibt zahlreiche andere Definitionsgleichungen für den Dirac-Impuls, von denen zwei weitere angegeben sind. Aus dem Bild 1.2 erkennt man, daß für $\delta(t) = 0$ für $t \neq 0$ ist und weiterhin gilt

$$\lim_{\varepsilon \to 0} \int_{-\infty}^{\infty} \Delta(t)dt = \int_{-\infty}^{\infty} \delta(t)dt = 1. \tag{2.3}$$

Im Rahmen der üblichen Mathematik kann es Funktionen mit den Eigenschaften nach den Gln. 2.2 und 2.3 nicht geben, $\delta(t)$ ist eine verallgemeinerte Funktion oder Distribution.

Beziehungen mit dem Dirac-Impuls

$$\delta(t) = \delta(-t), \quad \delta(t - t_0) = \delta(t_0 - t), \tag{2.4}$$

$$f(t)\delta(t - t_0) = f(t_0)\delta(t - t_0), \quad f(t)\delta(t) = f(0)\delta(t), \tag{2.5}$$

$$\int_{-\infty}^{\infty} f(\tau)\delta(t - \tau)d\tau = f(t), \quad \int_{-\infty}^{\infty} f(\tau)\delta(\tau)d\tau = f(0), \tag{2.6}$$

$$\delta(at) = \frac{1}{|a|}\delta(t), \, a \neq 0. \tag{2.7}$$

Der Dirac-Impuls ist eine gerade (verallgemeinerte) Funktion (Gl. 2.4). Die Beziehung 2.6 ist unter dem Namen Ausblendeigenschaft bekannt.

Zusammenhang zwischen dem Dirac-Impuls und der Sprungfunktion

$$\delta(t) = \frac{d\,s(t)}{dt}, \quad s(t) = \int_{-\infty}^{t} \delta(\tau)d\tau. \tag{2.8}$$

Die eigentlich (weil unstetig) nicht differenzierbare Sprungfunktion $s(t)$ kann im Rahmen der Theorie der verallgemeinerten Funktionen abgeleitet werden und hat die Ableitung $\delta(t)$.

Die angegebenen Rechenregeln sind sehr wichtig und werden bei zahlreichen Beispielen angewandt und dort teilweise auch kommentiert. Genauere Informationen über die Rechenregeln und Interpretationsmöglichkeiten findet der Leser in dem Lehrbuch.

Systeme

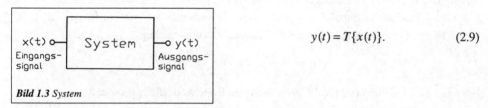

$$y(t) = T\{x(t)\}. \tag{2.9}$$

Bild 1.3 *System*

Bei Gl. 2.9 handelt es sich um eine Operatorenbeziehung, die ausdrückt, daß das Ausgangssignal $y(t)$ des Systems von seinem Eingangssignal $x(t)$ abhängt.

Zusammenstellung von Systemeigenschaften

Linearität:

$$T\{kx(t)\} = kT\{x(t)\}, \quad T\{k_1x_1(t) + k_2x_2(t)\} = k_1T\{x_1(t)\} + k_2T\{x_2(t)\}. \tag{2.10}$$

Eine Multiplikation des Eingangssignales mit k hat die Multiplikation des Ausgangssignales mit dem gleichen Faktor k zur Folge. Auf auf die (gewichtete) Summe von Eingangssignalen reagiert ein lineares System mit der (gewichteten) Summe der entsprechenden Ausgangssignale. Der aus der Elektrotechnik bekannte Überlagerungssatz ist eine spezielle Formulierung der Linearitätseigenschaft.

Zeitinvarianz:

$$T\{x(t)\} = y(t), \quad T\{x(t - t_0)\} = y(t - t_0). \tag{2.11}$$

Ein zeitinvariantes System reagiert auf ein (um t_0) verschobenes Eingangssignal mit dem um die gleiche Zeit verschobenen Ausgangssignal.

Stabilität:

$$|y(t)| < N < \infty, \text{ wenn } |x(t)| < M < \infty. \tag{2.12}$$

Stabile Systeme reagieren auf (gleichmäßig) beschränkte Eingangssignale mit ebenfalls (gleichmäßig) beschränkten Ausgangssignalen.

Kausalität:

$$\text{aus } x(t) = 0 \text{ für } t < t_0 \text{ folgt } y(t) = 0 \text{ für } t < t_0. \tag{2.13}$$

Ein kausales System kann erst dann auf ein Eingangssignal reagieren, wenn dieses "eingetroffen" ist. Im Gegensatz dazu kann bei einem nichtkausalen System die Reaktion $y(t)$ schon vor der Ursache $x(t)$ eintreffen. Nichtkausale Systeme sind nicht realisierbar, für theoretische Untersuchungen sind sie aber von Wichtigkeit. Im folgenden wird stets Linearität und Zeitinvarianz vorausgesetzt. Auf die Einhaltung der Stabilität und Kausalität wird bisweilen verzichtet.

Sprungantwort und Impulsantwort

Die Systemreaktion $y(t)$ auf das Eingangssignal "Sprungfunktion" $x(t) = s(t)$ wird als **Sprungantwort** $h(t)$ bezeichnet, d.h. $h(t) = T\{s(t)\}$. Die Systemreaktion $y(t)$ auf das Eingangssignal "Dirac-Impuls" $x(t) = \delta(t)$ heißt **Impulsantwort** $g(t) = T\{\delta(t)\}$. Zwischen diesen beiden Systemreaktionen bestehen folgende Zusammenhänge

$$g(t) = \frac{d\,h(t)}{dt}, \quad h(t) = \int_{-\infty}^{t} g(\tau)d\tau. \tag{2.14}$$

Notwendig und hinreichend für die Stabilität eines Systems ist die Eigenschaft

$$\int_{-\infty}^{\infty} |g(t)|\,dt < K < \infty, \tag{2.15}$$

notwendig und hinreichend für die Kausalität die Eigenschaft

$$g(t) = 0 \text{ für } t < 0. \tag{2.16}$$

Faltungsintegral

Bei Kenntnis der Impulsantwort können Systemreaktionen auf beliebige Eingangssignale mit dem Faltungsintegral berechnet werden:

$$y(t) = \int_{-\infty}^{\infty} x(\tau)g(t-\tau)d\tau = \int_{-\infty}^{\infty} x(t-\tau)g(\tau)d\tau. \tag{2.17}$$

Diese Gleichungen werden bisweilen in der Kurzform $y(t) = x(t)*g(t) = g(t)*x(t)$ dargestellt.

Übertragungsfunktion

Ein lineares zeitinvariantes System reagiert auf das Eingangssignal $x(t) = e^{j\omega t}$ mit $y(t) = G(j\omega)e^{j\omega t}$. Das Eingangssignal $e^{j\omega t}$ wird mit dem (noch von ω abhängigen) Faktor $G(j\omega)$ multipliziert. Aus diesem Zusammenhang erhält man die Übertragungsfunktion

$$G(j\omega) = \frac{y(t)}{x(t)} \bigg|_{x(t) = e^{j\omega t}}, \tag{2.18}$$

wobei die Bedingung "$x(t) = e^{j\omega t}$" keinesfalls weggelassen werden darf. Aus Gl. 2.18 folgt

$$x(t) = \cos(\omega t) \Rightarrow y(t) = \text{Re}\{G(j\omega)e^{j\omega t}\}, \quad x(t) = \sin(\omega t) \Rightarrow y(t) = \text{Im}\{G(j\omega)e^{j\omega t}\}. \quad (2.19)$$

Bei Kenntnis der Impulsantwort kann die Übertragungsfunktion auch nach der Beziehung

$$G(j\omega) = \int_{-\infty}^{\infty} g(t)e^{-j\omega t}dt \quad (2.20)$$

berechnet werden. In dieser Form ist $G(j\omega)$ als Fourier-Transformierte der Impulsantwort interpretierbar und es gilt die Rücktransformationsbeziehung (siehe Abschnitt 1.3)

$$g(t) = \frac{1}{2\pi} \int_{-\infty}^{\infty} G(j\omega)e^{j\omega t}d\omega. \quad (2.21)$$

Für die durch die Gln. 2.20, 2.21 angegebenen Zusammenhänge wird oft die Kurzschreibweise $g(t)$ O— $G(j\omega)$ verwandt. Dabei ist O— ein sogenanntes Korrespondenzsymbol.

Bei Netzwerken kann $G(j\omega)$ mit der komplexen Rechnung ermittelt werden und ist eine in $j\omega$ gebrochen rationale Funktion mit reellen Koeffizienten:

$$G(j\omega) = \frac{a_0 + a_1 j\omega + a_2(j\omega)^2 + \ldots + a_m(j\omega)^m}{b_0 + b_1 j\omega + b_2(j\omega)^2 + \ldots + b_{n-1}(j\omega)^{n-1} + (j\omega)^n}, \, m \leq n. \quad (2.22)$$

Das Nennerpolynom von $G(j\omega)$ ist bei stabilen Systemen ein Hurwitzpolynom, dies bedeutet, daß alle n Nullstellen negative Realteile aufweisen müssen (siehe Abschnitt 1.5).

Differentialgleichung
Lineare zeitinvariante Systeme können durch Differentialgleichungen der Form

$$y^{(n)} + b_{n-1}y^{(n-1)} + \ldots + b_1 y'(t) + b_0 y(t) = a_m x^{(m)} + a_{m-1}x^{(m-1)} + \ldots + a_1 x'(t) + a_0 x(t) \quad (2.23)$$

beschrieben werden. Die Koeffizienten in der Differentialgleichung entsprechen denen der Übertragungsfunktion in ihrer gebrochen rationalen Form (Gl. 2.22).

1.3 Die Fourier-Transformation und Anwendungen

Die in diesem Abschnitt angegebenen Beziehungen und Gleichungen werden im Abschnitt 3 des Lehrbuches (bei den älteren Auflagen Abschnitt 2) erklärt und abgeleitet.

Fourier-Reihen

Periodische Funktionen können durch Fourier-Reihen dargestellt werden. Ist $f(t)$ eine periodische Funktion mit der Periode T, d.h. $f(t) = f(t \pm \nu T)$, $\nu = 0, \pm 1, \pm 2 \ldots$, dann gilt:

reelle Form

$$f(t) = \frac{a_0}{2} + \sum_{\nu=1}^{\infty} [a_\nu \cos(\nu\omega_0 t) + b_\nu \sin(\nu\omega_0 t)] = \sum_{\nu=0}^{\infty} c_\nu \cos(\nu\omega_0 t + \varphi_\nu), \quad \omega_0 = \frac{2\pi}{T},$$

$$a_\nu = \frac{2}{T} \int_{-T/2}^{T/2} f(t)\cos(\nu\omega_0 t)dt, \quad b_\nu = \frac{2}{T} \int_{-T/2}^{T/2} f(t)\sin(\nu\omega_0 t)dt, \tag{3.1}$$

$$c_\nu = \sqrt{a_\nu^2 + b_\nu^2}, \quad \varphi_\nu = -\text{Arctan}(b_\nu/a_\nu), \quad \nu = 0, 1, 2, \ldots$$

komplexe Form

$$f(t) = \sum_{\nu=-\infty}^{\infty} C_\nu e^{j\nu\omega_0 t}, \quad C_\nu = \frac{1}{T} \int_{-T/2}^{T/2} f(t) e^{-j\nu\omega_0 t} dt \quad \nu = 0, \pm1, \pm2, \ldots \tag{3.2}$$

Die komplexe Form (Gl. 3.2) kann mit der Beziehung $C_\nu = 0,5(a_\nu - jb_\nu)$ in die reelle Form nach Gl. 3.1 überführt werden. Bei der Berechnung der Fourier-Koeffizienten kann der Integrationsbereich $(-T/2 \ldots T/2)$ durch einen beliebigen anderen (zusammenhängenden) Bereich der Breite T ersetzt werden. Bei Fourier-Reihen unstetiger Funktionen nehmen die Fourier-Koeffizienten bei großen Indexwerten mit $1/\nu$ ab. An Sprungstellen von $f(t)$ weist die Fourier-Approximation "Überschwinger" auf, die auch bei Approximationen mit beliebig vielen Reihengliedern nicht verschwinden und ca. 9% betragen. Man spricht von dem Gibbs'schen Phänomen. Bei stetigen Funktionen wird durch die Fourier-Approximationen eine gleichmäßige Konvergenz erreicht. Die Reihenglieder nehmen bei großen Indexwerten mit mindestens $1/\nu^2$ ab.

Fourier-Transformation

Einer Funktion $f(t)$ wird gemäß Gl. 3.3 umkehrbar eindeutig eine Funktion, die Fourier-Transformierte $F(j\omega)$, zugeordnet. Diese Zuordnung wird mit dem Korrespondenzsymbol durch die Schreibweise $f(t) \, O\!\!-\!\! F(j\omega)$ ausgedrückt. $F(j\omega)$ wird auch als **Spektrum** von $f(t)$ bezeichnet. Bei $|F(j\omega)|$ spricht man bisweilen von dem Amplitudenspektrum, bei der Winkelfunktion $\varphi(\omega) = \angle F(j\omega)$ (siehe Gl. 3.4) von dem Phasenspektrum.

Grundgleichungen

$$F(j\omega) = \int_{-\infty}^{\infty} f(t)e^{-j\omega t}dt, \quad f(t) = \frac{1}{2\pi} \int_{-\infty}^{\infty} F(j\omega)e^{j\omega t}d\omega, \tag{3.3}$$

Kurzschreibweisen: $f(t) \, O\!\!-\!\! F(j\omega), \quad F(j\omega) = F\{f(t)\}, f(t) = F^{-1}\{F(j\omega)\}.$

Darstellungsarten

$$F(j\omega) = R(\omega) + jX(\omega) = |F(j\omega)| e^{j\varphi(\omega)},$$

$$R(\omega) = R(-\omega) = \int_{-\infty}^{\infty} f(t)\cos(\omega t)dt, \quad X(\omega) = -X(-\omega) = -\int_{-\infty}^{\infty} f(t)\sin(\omega t)dt, \tag{3.4}$$

$$|F(j\omega)| = |F(-j\omega)| = \sqrt{R^2(\omega) + X^2(\omega)}, \quad \varphi(\omega) = -\varphi(-\omega) = \arctan\frac{X(\omega)}{R(\omega)}.$$

Eigenschaften

Hinreichende Existenzbedingung: $\int_{-\infty}^{\infty} |f(t)|\, dt < \infty$ (3.5)

gerade Funktionen: $f(t) = f(-t)$ O— $F(j\omega) = R(\omega)$ (3.6)

ungerade Funktionen: $f(t) = -f(-t)$ O— $F(j\omega) = jX(\omega)$ (3.7)

Linearität: $k_1 f_1(t) + k_2 f_2(t)$ O— $k_1 F_1(j\omega) + k_2 F_2(j\omega)$ (3.8)

Vertauschungssatz: $F(jt)$ O— $2\pi f(-\omega)$ $(f(t)$ O— $F(j\omega))$ (3.9)

Zeitverschiebungssatz: $f(t - t_0)$ O— $F(j\omega)e^{-j\omega t_0}$ (3.10)

Frequenzverschiebungssatz: $F(j\omega - j\omega_0)$ —O $f(t)e^{j\omega_0 t}$ (3.11)

Differentiation im Zeitbereich: $f^{(n)}(t)$ O— $(j\omega)^n F(j\omega)$ (3.12)

Differentiation im Frequenzbereich: $F^{(n)}(j\omega)$ —O $(-jt)^n f(t)$ (3.13)

Faltung im Zeitbereich: $\int_{-\infty}^{\infty} f_1(\tau)f_2(t-\tau)d\tau = f_1(t)*f_2(t)$ O— $F_1(j\omega)F_2(j\omega)$ (3.14)

Faltung im Frequenzb.: $\int_{-\infty}^{\infty} F_1(ju)F_2(j\omega - ju)du = F_1(j\omega)*F_2(j\omega)$ —O $2\pi f_1(t)f_2(t)$ (3.15)

Ähnlichkeitssatz: $f(at)$ O— $\dfrac{1}{|a|}F(j\omega/a)$, $a \neq 0$ (3.16)

Parseval'sches Theorem: $\int_{-\infty}^{\infty} f^2(t)dt = \dfrac{1}{2\pi}\int_{-\infty}^{\infty} |F(j\omega)|^2\, d\omega$ (3.17)

Diskrete Fourier-Transformation

$f(t)$ sei ein im Bereich $0 \leq t < T_0$ auftretendes Signal mit einer endlichen Dauer T_0 oder auch ein "Signalausschnitt" in diesem Zeitbereich. Durch Abtastung von $f(t)$ im Abstand $T = T_0/N$ entsteht ein zeitdiskretes Signal mit den N Abtastwerten $f(0), f(T), f(2T) \ldots f((N-1)T)$. Diesem zeitdiskreten Signal wird die diskrete Fourier-Transformierte

$$F(m\Omega) = \sum_{n=0}^{N-1} f(nT)e^{-j2\pi nm/N}, \quad m = 0,1,\ldots,N-1, \quad \Omega T = 2\pi/N \tag{3.18}$$

zugeordnet und es gilt die Rücktransformationsformel

$$f(nT) = \frac{1}{N}\sum_{m=0}^{N-1} F(m\Omega)e^{j2\pi nm/N}, \quad n = 0,1,\ldots,N-1. \tag{3.19}$$

Die sogenannte schnelle Fourier-Transformation (FFT) ist ein spezieller Algorithmus mit dem die diskrete Fourier-Transformation besonders schnell durchgeführt werden kann.

Abtasttheorem

Ist $f(t)$ ein mit der Grenzfrequenz f_g bandbegrenztes Signal, d.h. $F(j\omega) = 0$ für $|\omega| > \omega_g = 2\pi f_g$, dann gilt

$$f(t) = \sum_{v=-\infty}^{\infty} f(v\pi/\omega_g) \frac{\sin[\omega_g(t - v\pi/\omega_g)]}{\omega_g(t - v\pi/\omega_g)}. \tag{3.20}$$

Dies bedeutet, daß ein mit f_g bandbegrenztes Signal $f(t)$ durch seine Abtastwerte $f(v\pi/\omega_g) = f(v/(2f_g))$ im Abstand $1/(2f_g)$ vollständig (d.h. ohne Informationsverlust) beschrieben wird. Das Abtasttheorem ist die Grundlage für alle Pulsmodulationsverfahren.

Berechnung von Systemreaktionen mit der Fourier-Transformation

Ein Vergleich von Gl. 2.20 mit der Definitionsgleichung 3.3 für $F(j\omega)$ zeigt, daß die Übertragungsfunktion $G(j\omega)$ eines Systems als Fourier-Transformierte der Impulsantwort $g(t)$ dieses Systems interpretiert werden kann, $g(t) \, O\!\!-\!\!- \, G(j\omega)$.

Zwischen den Fourier-Transformierten $X(j\omega)$ des Eingangssignales und $Y(j\omega)$ des Ausgangssignales des Systems besteht der wichtige Zusammenhang

$$Y(j\omega) = X(j\omega)G(j\omega). \tag{3.21}$$

Daraus ergibt sich folgender Weg zur Ermittlung von Systemreaktionen im Frequenzbereich:

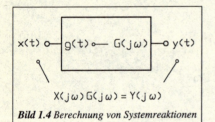

Bild 1.4 *Berechnung von Systemreaktionen*

a) Ermittlung des Spektrums $X(j\omega)$ des Eingangssignales $x(t)$,
b) Berechnung des Spektrums $Y(j\omega) = X(j\omega)G(j\omega)$ des Ausgangssignales $y(t)$,
c) Rücktransformation von $Y(j\omega)$.

$$G(j\omega) = \int_{-\infty}^{\infty} g(t)e^{-j\omega t}dt, \quad g(t) = \frac{1}{2\pi}\int_{-\infty}^{\infty} G(j\omega)e^{j\omega t}d\omega$$

$$X(j\omega) = \int_{-\infty}^{\infty} x(t)e^{-j\omega t}dt, \quad x(t) = \frac{1}{2\pi}\int_{-\infty}^{\infty} X(j\omega)e^{j\omega t}d\omega \tag{3.22}$$

$$Y(j\omega) = \int_{-\infty}^{\infty} y(t)e^{-j\omega t}dt, \quad y(t) = \frac{1}{2\pi}\int_{-\infty}^{\infty} Y(j\omega)e^{j\omega t}d\omega$$

Für Systeme mit einem und mit zwei Energiespeichern lassen sich geschlossene Gleichungen für die Impuls- und Sprungantwort ableiten.

Systeme mit einem Energiespeicher

Übertragungsfunktion: $G(j\omega) = \dfrac{a_0 + a_1 j\omega}{b_0 + j\omega}$, $b_0 > 0$

Impulsantwort: $g(t) = a_1 \delta(t) + s(t)(a_0 - a_1 b_0) e^{-b_0 t}$ (3.23)

Sprungantwort: $h(t) = s(t)\left\{ \dfrac{a_0}{b_0} - \dfrac{a_0 - a_1 b_0}{b_0} e^{-b_0 t} \right\}$

Systeme mit zwei Energiespeichern

Übertragungsfunktion: $G(j\omega) = \dfrac{a_0 + a_1 j\omega + a_2(j\omega)^2}{b_0 + b_1 j\omega + (j\omega)^2}$, $b_0 > 0, b_1 > 0$

Impulsantwort: $g(t) = a_2 \delta(t) + s(t)\left\{ A_1 e^{p_1 t} + A_2 e^{p_2 t} \right\}$, Bedingung: $p_1 \neq p_2$ (3.24)

Sprungantwort: $h(t) = s(t)\left\{ a_2 + \dfrac{A_1}{p_1}\left(e^{p_1 t} - 1\right) + \dfrac{A_2}{p_2}\left(e^{p_2 t} - 1\right) \right\}$, Bedingung: $p_1 \neq p_2$

$$\left\{ p_{1,2} = -\frac{b_1}{2} \pm \sqrt{\frac{b_1^2}{4} - b_0}, \quad A_1 = \frac{c_0 + c_1 p_1}{p_1 - p_2}, A_2 = \frac{c_0 + c_1 p_2}{p_2 - p_1}, \quad c_0 = a_0 - a_2 b_0, c_1 = a_1 - a_2 b_1 \right\}$$

1.4 Ideale Übertragungssysteme

Die in diesem Abschnitt angegebenen Beziehungen und Gleichungen werden im Abschnitt 4 des Lehrbuches (bei den älteren Auflagen Abschnitt 3) erklärt und abgeleitet.

Darstellung von Übertragungsfunktionen

Eine Übertragungsfunktion kann zunächst auf folgende Arten dargestellt werden:

$$G(j\omega) = R(\omega) + jX(\omega) = |G(j\omega)| e^{j\varphi(\omega)}, \tag{4.1}$$

dabei gilt

$$|G(j\omega)| = \sqrt{R^2(\omega) + X^2(\omega)}, \quad \varphi(\omega) = \arctan[X(\omega)/R(\omega)]. \tag{4.2}$$

Die Hilbert-Transformation beschreibt den Zusammenhang zwischen dem Real- und Imaginärteil kausaler Systeme

$$R(\omega) = R(\infty) + \frac{1}{\pi}\int_{-\infty}^{\infty} \frac{X(\lambda)}{\omega - \lambda} d\lambda, \quad X(\omega) = -\frac{1}{\pi}\int_{-\infty}^{\infty} \frac{R(\lambda)}{\omega - \lambda} d\lambda. \tag{4.3}$$

Aus der Darstellung

$$G(j\omega) = e^{-[A(\omega) + jB(\omega)]} = e^{-A(\omega)} e^{-jB(\omega)} = |G(j\omega| e^{-jB(\omega)} \tag{4.4}$$

erhält man die **Dämpfung** und die **Phase**

$$A(\omega) = -\ln|G(j\omega)|, \quad B(\omega) = -\varphi(\omega). \tag{4.5}$$

$A(\omega)$ ist eine gerade Funktion und $B(\omega)$ eine ungerade. Statt der Dämpfung in Neper (bei Gl. 4.5) verwendet man in der Praxis meist die Dämpfung in der (Pseudo-) Einheit Dezibel (dB)

$$\tilde{A}(\omega) = -20\,lg|G(j\omega)|\,.$$

Dabei gilt $\tilde{A}(\omega) = 20\,lg\,e \cdot A(\omega) \approx 8{,}686 \cdot A(\omega)$.

Die **Gruppenlaufzeit** und die **Phasenlaufzeit** werden durch die Beziehungen

$$T_g = \frac{d\,B(\omega)}{d\omega}, \quad T_p = \frac{B(\omega)}{\omega} \tag{4.6}$$

definiert.

Verzerrungsfreie Übertragung

Bei einem verzerrungsfrei übertragenden (kausalen) System gilt der Zusammenhang

$$y(t) = Kx(t - t_0), \quad K > 0, t_0 \geq 0. \tag{4.7}$$

Das Eingangssignal wird lediglich mit einem Faktor multipliziert und um t_0 verzögert.

Aus der Definition $g(t) = T\{\delta(t)\}$ (siehe Abschnitt 1.2) erhält man die Impulsantwort des verzerrungsfrei übertragenden Systems

$$g(t) = K\delta(t - t_0). \tag{4.8}$$

Durch Fourier-Transformation (siehe Abschnitt 1.3) ergibt sich daraus die Übertragungsfunktion

$$G(j\omega) = Ke^{-j\omega t_0}. \tag{4.9}$$

Durch Vergleich dieser Übertragungsfunktion mit der Form nach Gl. 4.4 findet man

$$A(\omega) = -\ln K, \quad B(\omega) = \omega t_0. \tag{4.10}$$

Ein verzerrungsfrei übertragendes System hat eine konstante Dämpfung und eine (mit der Frequenz) linear ansteigende Phase.

Idealer Tiefpaß

Das Bild 1.5 zeigt die Übertragungsfunktion eines idealen Tiefpasses. Er hat im Durchlaßbereich die konstante Dämpfung $A = -\ln K$, die Dämpfung im Sperrbereich ist unendlich groß. Die Phase hat einen linearen Verlauf.

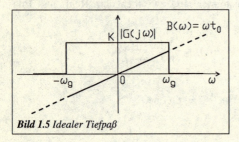

Bild 1.5 *Idealer Tiefpaß*

Idealer Tiefpaß

$$G(j\omega) = \begin{cases} Ke^{-j\omega t_0} & \text{für } |\omega| < \omega_g \\ 0 & \text{für } |\omega| > \omega_g \end{cases} \tag{4.11}$$

Da die Übertragungsfunktion im Bereich $|\omega| < \omega_g$ mit der eines verzerrungsfrei übertragenden Systems übereinstimmt (Gl. 4.9), werden Signale mit Spektralanteilen ausschließlich im Bereich $|\omega| < \omega_g$ von dem idealen Tiefpaß verzerrungsfrei übertragen.

Durch Fourier-Rücktransformation von $G(j\omega)$ erhält man die unten skizzierte Impulsantwort.

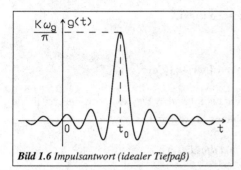

Impulsantwort

$$g(t) = K \frac{\sin[\omega_g(t - t_0)]}{\pi(t - t_0)} \qquad (4.12)$$

Bild 1.6 *Impulsantwort (idealer Tiefpaß)*

Aus dem Verlauf erkennt man, daß der ideale Tiefpaß ein nichtkausales System ist (siehe Gl. 2.16). Außerdem ist der ideale Tiefpaß ein instabiles System, die Bedingung gemäß Gl. 2.15 ist nicht erfüllt.

Die Sprungantwort kann mit Gl. 2.14 berechnet werden, mit der Integralsinus-Funktion

$$\text{Si}(x) = \int_0^x \frac{\sin u}{u} du \qquad (4.13)$$

erhält man das unten dargestellte Ergebnis.

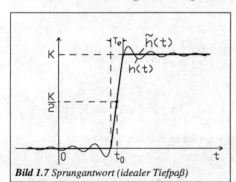

Sprungantwort

$$h(t) = \frac{K}{2} + \frac{K}{\pi} \text{Si}[\omega_g(t - t_0)] \qquad (4.14)$$

angenäherte Sprungantwort
$\tilde{h}(t)$ (siehe Bild 1.7)

Einschwingzeit

$$T_e = \frac{\pi}{\omega_g} = \frac{1}{2f_g} \qquad (4.15)$$

Bild 1.7 *Sprungantwort (idealer Tiefpaß)*

Die angenäherte Sprungantwort $\tilde{h}(t)$ entsteht folgendermaßen. Bei t_0 wird eine Tangente an $h(t)$ gelegt. Unterhalb des Schnittpunktes der Tangente mit der Abszisse gilt $\tilde{h}(t) = 0$. Wenn die Tangente den Wert K erreicht, wird $\tilde{h}(t) = K$. Die Einschwingzeit T_e des idealen Tiefpasses (Gl. 4.15) ist die Zeit, in der $\tilde{h}(t)$ von 0 auf den Endwert K ansteigt (siehe Bild 1.7).

Tiefpaßsysteme mit linearem Phasenverlauf

Es gilt

$$G(j\omega) = \begin{cases} |G(j\omega)|\, e^{-j\omega t_0} & \text{für } |\omega| < \omega_g, \\ 0 & \text{für } |\omega| > \omega_g \end{cases} \tag{4.16}$$

wobei $|G(j\omega)| = K$ den Fall des idealen Tiefpasses bedeutet.

Für die Impulsantwort erhält man die Beziehung

$$g(t) = \frac{1}{2\pi} \int_{-\omega_g}^{\omega_g} |G(j\omega)| \cos[\omega(t - t_0)] d\omega. \tag{4.17}$$

$g(t)$ hat einen zu t_0 symmetrischen Verlauf und daraus folgt, daß Tiefpässe mit linearer Phase nicht kausal sind. Die Impulsantwort hat ein absolutes Maximum bei t_0:

$$g(t_0) = \frac{1}{2\pi} \int_{-\omega_g}^{\omega_g} |G(j\omega)| d\omega \geq |g(t)|. \tag{4.18}$$

Für die Einschwingzeit erhält man die Gleichung

$$T_e = \frac{2\pi G(0)}{\displaystyle\int_{-\omega_g}^{\omega_g} |G(j\omega)| d\omega}. \tag{4.19}$$

Der Leser kann nachkontrollieren, daß man aus dieser Beziehung für den idealen Tiefpaß T_e nach Gl. 4.15 erhält.

Eine Fourier-Reihenentwicklung der (periodisch fortgesetzten) Betragsfunktion $|G(j\omega)|$ führt zu den Beziehungen

$$|G(j\omega)| = \begin{cases} \displaystyle\sum_{\nu=-\infty}^{\infty} C_\nu e^{j\nu\pi\omega/\omega_g} & \text{für } |\omega| < \omega_g, \\ 0 & \text{für } |\omega| > \omega_g \end{cases} \qquad C_\nu = \frac{1}{2\pi} \int_{-\omega_g}^{\omega_g} |G(j\omega)| e^{-j\nu\pi\omega/\omega_g} d\omega. \tag{4.20}$$

Die Fourier-Rücktransformation von $G(j\omega) = |G(j\omega)|\, e^{-j\omega t_0}$ ergibt die Impulsantwort

$$g(t) = \sum_{\nu=-\infty}^{\infty} C_\nu \frac{\sin[\omega_g(t - t_0 + \nu\pi/\omega_g)]}{\pi(t - t_0 + \nu\pi/\omega_g)}. \tag{4.21}$$

Aus dieser Beziehung erkennt man, daß sich linearphasige Tiefpässe durch eine Zusammenschaltung idealer Tiefpässe approximieren lassen.

Besonders bekannt ist der (linearphasige) Cosinus-Tiefpaß mit dem Betragsverlauf

$$|G(j\omega)| = \begin{cases} 0{,}5[1 + \cos(\pi\omega/\omega_g)] & \text{für } |\omega| < \omega_g, \\ 0 & \text{für } |\omega| > \omega_g \end{cases}. \tag{4.22}$$

Idealer Hochpaß

Das Bild zeigt die Übertragungsfunktion eines idealen Hochpasses. Er hat im Durchlaßbereich die konstante Dämpfung $A = -\ln K$, die Dämpfung im Sperrbereich ist unendlich groß. Die Phase hat einen linearen Verlauf. Der ideale Hochpaß ist ein nichtkausales System.

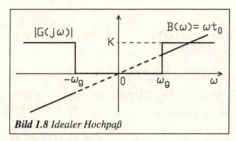

Bild 1.8 *Idealer Hochpaß*

Idealer Hochpaß

$$G(j\omega) = \begin{cases} Ke^{-j\omega t_0} & \text{für } |\omega| > \omega_g \\ 0 & \text{für } |\omega| < \omega_g \end{cases} \qquad (4.23)$$

Die Übertragungsfunktion des Hochpasses kann auch in der Form

$$G(j\omega) = Ke^{-j\omega t_0} - G_T(j\omega) \qquad (4.24)$$

als Differenz der Übertragungsfunktion eines verzerrungsfrei übertragenden Systems (Gl. 4.9) und eines Tiefpasses (mit gleichen Werten K, ω_g und t_0) dargestellt werden. Aus dieser Darstellungsart findet man die Impuls- und Sprungantwort

$$g(t) = K\delta(t-t_0) - K\frac{\sin[\omega_g(t-t_0)]}{\pi(t-t_0)}, \quad h(t) = Ks(t-t_0) - \frac{K}{2} - \frac{K}{\pi}\text{Si}[\omega_g(t-t_0)]. \quad (4.25)$$

Si(x) ist die gemäß Gl. 4.13 definierte Integralsinusfunktion.

Idealer Bandpaß

Das Bild 1.9 zeigt die Übertragungsfunktion

$$G(j\omega) = \begin{cases} Ke^{-j\omega t_0} & \text{für } \omega_1 < |\omega| < \omega_2 \\ 0 & \text{für } |\omega| < \omega_1 \text{ und } |\omega| > \omega_2 \end{cases} \qquad (4.26)$$

eines idealen Bandpasses. Er hat im Durchlaßbereich die konstante Dämpfung $A = -\ln K$, die Dämpfung im Sperrbereich ist unendlich groß. Die Phase hat einen linearen Verlauf. Der ideale Bandpaß ist ein nichtkausales System.

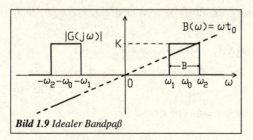

Bild 1.9 *Idealer Bandpaß*

Idealer Bandpaß

Bandbreite: $B = \omega_2 - \omega_1$
Mittenfrequenz: $\omega_0 = 0,5(\omega_1 + \omega_2)$

Durch Fourier-Rücktransformation von $G(j\omega)$ erhält man die Impulsantwort

$$g(t) = \frac{2K}{\pi(t-t_0)} \sin[0{,}5B(t-t_0)] \cos[\omega_0(t-t_0)]. \tag{4.27}$$

Reaktion eines Bandpasses auf ein amplitudenmoduliertes Signal

Amplitudenmoduliertes Signal

$n(t)$ ist ein Signal, das amplitudenmoduliert werden soll, $\cos(\omega_0 t)$ die Trägerschwingung. Dann ist

$$x(t) = A[1 + m\,n(t)]\cos(\omega_0 t) = A\cos(\omega_0 t) + A\,m\,n(t)\cos(\omega_0 t) \tag{4.28}$$

das amplitudenmodulierte Signal. $n(t)$ ist in der Amplitude der Trägerschwingung $\cos(\omega_0 t)$ "enthalten". A ist eine beliebige Konstante, m der Modulationsgrad.

Spektrum des amplitudenmodulierten Signales

Durch Fourier-Transformation von $x(t)$ erhält man

$$X(j\omega) = A\pi\delta(\omega - \omega_0) + A\pi\delta(\omega + \omega_0) + \frac{1}{2}A m N(j\omega - j\omega_0) + \frac{1}{2}A m N(j\omega + j\omega_0). \tag{4.29}$$

Darin ist $N(j\omega)$ das Spektrum des Signales $n(t)$.

Das Bild 1.10 zeigt das (bandbegrenzte) Spektrum $N(j\omega)$ und das Spektrum $X(j\omega)$ des amplitudenmodulierten Signales. Man erkennt, daß die Amplitudenmodulation lediglich eine Verschiebung des Spektrums von $n(t)$ bedeutet. Die Dirac-Anteile entstehen durch die Trägerschwingung $\cos(\omega_0 t)$ in $x(t)$.

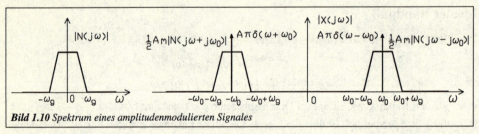

Bild 1.10 *Spektrum eines amplitudenmodulierten Signales*

Wenn die Trägerfrequenz ω_0 von $x(t)$ mit der Mittenfrequenz ω_0 eines Bandpasses übereinstimmt und zusätzlich $\omega_g < B/2$ ist, wird $x(t)$ durch diesen Bandpaß verzerrungsfrei übertragen, dann gilt

$$y(t) = Kx(t-t_0) = KA[1 + m\,n(t-t_0)]\cos[\omega_0(t-t_0)].$$

Falls der Phasenverlauf des Bandpasses nur im Durchlaßbereich linear verläuft, erhält man

$$y(t) = KA[1 + m\,n(t-T_g)]\cos[\omega_0(t-T_p)]. \tag{4.30}$$

T_g ist die Gruppenlaufzeit und T_p die Phasenlaufzeit (siehe Gl. 4.6).

Ideale Bandsperre

Das Bild zeigt die Übertragungsfunktion einer idealen Bandsperre. Sie hat im Durchlaßbereich die konstante Dämpfung $A = -\ln K$, die Dämpfung im Sperrbereich ist unendlich groß. Die Phase hat einen linearen Verlauf. Die ideale Bandsperre ist ein nichtkausales System.

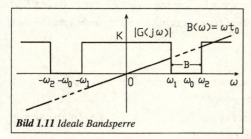

Bild 1.11 Ideale Bandsperre

Ideale Bandsperre

Bandbreite: $B = \omega_2 - \omega_1$
Mittenfrequenz: $\omega_0 = 0,5(\omega_1 + \omega_2)$

$G(j\omega)$ kann als Differenz der Übertragungsfunktion eines verzerrungsfrei übertragenden Systems (Gl. 4.9) und der eines Bandpasses (Gl. 4.26) mit gleichen Werten K, ω_1, ω_2, und t_0 dargestellt werden:

$$G(j\omega) = K e^{-j\omega t_0} - G_B(j\omega). \qquad (4.31)$$

Aus dieser Beziehung erhält man durch Fourier-Rücktransformation die Impulsantwort

$$g(t) = K\delta(t - t_0) - \frac{2K}{\pi(t - t_0)}\sin[0,5B(t - t_0)]\cos[\omega_0(t - t_0)]. \qquad (4.32)$$

1.5 Die Laplace-Transformation und Anwendungen

Die in diesem Abschnitt angegebenen Beziehungen und Gleichungen werden im Abschnitt 5 des Lehrbuches (bei den älteren Auflagen Abschnitt 4) erklärt und abgeleitet.

Grundgleichungen und Eigenschaften

Einer Funktion $f(t)$ mit der Eigenschaft $f(t) = 0$ für $t < 0$ wird gemäß Gl. 5.1 umkehrbar eindeutig eine Funktion, die Laplace-Transformierte $F(s)$, zugeordnet. Dabei ist $s = \sigma + j\omega$ eine komplexe Variable. Die Zuordnung der beiden Funktionen wird mit dem Korrespondenzsymbol durch die Schreibweise $f(t)\,O\!\!-\!\!\!-F(s)$ ausgedrückt. Bei $F(s)$ spricht man von dem Bildbereich oder manchmal auch von dem Spektrum von $f(t)$.

Grundgleichungen

$$F(s) = \int_{0-}^{\infty} f(t)e^{-st}dt, \quad f(t) = \frac{1}{2\pi j}\int_{\sigma - j\infty}^{\sigma + j\infty} F(s)e^{st}dt, \qquad (5.1)$$

Kurzschreibweisen: $f(t)\,O\!\!-\!\!\!-F(s)$, $F(s) = L\{f(t)\}, f(t) = L^{-1}\{F(s)\}$.

Eine Funktion mit der Eigenschaft $f(t) = 0$ für $t < 0$ besitzt genau dann eine Laplace-Transformierte $F(s)$, wenn eine (reelle) Konstante σ so gewählt werden kann, daß

$$\int_0^\infty |f(t)| e^{-\sigma t} dt < \infty \tag{5.2}$$

ist. Wenn σ der kleinstmögliche Wert ist, bei der diese Bedingung erfüllt ist, dann existiert $F(s)$ für alle Werte von s mit $\operatorname{Re} s > \sigma$. Diesen Wertebereich von s nennt man den Konvergenzbereich der Laplace-Transformierten.

Zusätzliche Bemerkungen:
1. Der Integrationsweg bei der Rücktransformationsgleichung 5.1 muß vollständig im Konvergenzbereich der Laplace-Transformierten liegen.
2. Die untere Integrationsgrenze "0-" bei der Formel für $F(s)$ erlaubt die Zulassung von Zeitfunktionen mit bei $t = 0$ auftretenden Dirac-Impulsen.
3. Bei $F(s)$ nach Gl. 5.1 spricht man von einer "einseitigen" Laplace-Transformierten. Bei der (hier nicht behandelten) zweiseitigen Laplace-Transformierten werden auch Zeitfunktionen ohne die Einschränkung $f(t) = 0$ für $t < 0$ zugelassen.

Eigenschaften

Es gelten die Korrespondenzen $f(t) \circ\!\!-\!\!- F(s)$, $f_1(t) \circ\!\!-\!\!- F_1(s)$, $f_2(t) \circ\!\!-\!\!- F_2(s)$. Der Konvergenzbereich von $F(s)$ soll bei $\operatorname{Re} s > \sigma$, der von $F_1(s)$ bei $\operatorname{Re} s > \sigma_1$ und der von $F_2(s)$ bei $\operatorname{Re} s > \sigma_2$ liegen.

Linearität: $k_1 f_1(t) + k_2 f_2(t) \circ\!\!-\!\!- k_1 F_1(s) + k_2 F_2(s), \quad \operatorname{Re} s > \max(\sigma_1, \sigma_2)$ (5.3)

Zeitverschiebungssatz: $f(t - t_0) \circ\!\!-\!\!- F(s) e^{-s t_0}, \quad t_0 \geq 0, \operatorname{Re} s > \sigma$ (5.4)

Differentiation im Zeitbereich: $f^{(n)}(t) \circ\!\!-\!\!- s^n F(s), \quad \operatorname{Re} s > \sigma$ (5.5)

Differentiation im Frequenzbereich: $F^{(n)}(s) -\!\!-\!\!\circ (-1)^n t^n f(t), \quad \operatorname{Re} s > \sigma$ (5.6)

Faltung im Zeitbereich: $f_1(t) * f_2(t) \circ\!\!-\!\!- F_1(s) F_2(s), \quad \operatorname{Re} s > \max(\sigma_1, \sigma_2)$ (5.7)

Anfangswerttheorem: $f(0+) = \lim_{s \to \infty} \{s F(s)\}$ (5.8)

Endwerttheorem: $f(\infty) = \lim_{s \to 0} \{s F(s)\}, \quad$ Existenz von $f(\infty)$ vorausgesetzt (5.9)

Der Zusammenhang zur Fourier-Transformation

Für $s = j\omega$, d.h. $\sigma = 0$ geht die Laplace-Transformierte $F(s)$ einer Funktion $f(t)$ formal in die Fourier-Transformierte $F(j\omega)$ dieser Funktion über (siehe Gl. 3.3 mit der Zusatzbedingung $f(t) = 0$ für $t < 0$). Die Beziehung $F(j\omega) = F(s = j\omega)$ ist jedoch nur dann gültig, wenn die $j\omega$-Achse im Konvergenzbereich der Laplace-Transformierten liegt. Wenn die $j\omega$-Achse außerhalb des Konvergenzbereiches liegt, existiert für das betreffende Signal $f(t)$ keine

Fourier-Transformierte. Wenn die $j\omega$-Achse den Konvergenzbereich begrenzt (Konvergenzbereich: $\mathrm{Re}\,s > 0$), sind keine eindeutigen Aussagen möglich. In vielen Fällen enthält die Fourier-Transformierte dann zusätzliche Dirac-Anteile. Der Leser wird hierzu auf die Ausführungen im Lehrbuchabschnitt 5.1.3 verwiesen.

Rationale Laplace-Transformierte

$$F(s) = \frac{P_1(s)}{P_2(s)} = \frac{a_0 + a_1 s + \ldots a_m s^m}{b_0 + b_1 s + \ldots + b_n s^n} = \frac{a_m}{b_n} \frac{(s - s_{01})(s - s_{02})\ldots(s - s_{0m})}{(s - s_{\infty 1})(s - s_{\infty 2})\ldots(s - s_{\infty n})}, \quad b_n \neq 0. \quad (5.10)$$

Die Koeffizienten a_μ, b_ν ($\mu = 0\ldots m$, $\nu = 0\ldots n$) sollen reell sein. $s_{0\mu}$ sind die Nullstellen des Zählerpolynoms $P_1(s)$, $s_{\infty\nu}$ die Nullstellen von $P_2(s)$ bzw. die Polstellen von $F(s)$. Infolge der reellen Koeffizienten können nur reelle Null- und Polstellen oder konjugiert komplexe Null- und Polstellenpaare auftreten.

Pol-Nullstellenschema

Als Darstellungsmittel für rationale Laplace-Transformierte $F(s)$ ist das Pol-Nullstellenschema von Bedeutung. Man erhält es, wenn in der komplexen s-Ebene die Pol- und Nullstellen von $F(s)$ markiert werden (Pole durch Kreuze, Nullstellen durch Kreise). Das Pol-Nullstellenschema (Abk. PN-Schema) beschreibt $F(s)$ bis auf eine Konstante. Der Konvergenzbereich von $F(s)$ liegt im PN-Schema rechts von der Polstelle mit dem größten Realteil. Wenn alle Pole von $F(s)$ in der linken s-Halbebene liegen, handelt es sich bei $f(t)$ um eine "abklingende" Funktion mit der Eigenschaft $f(t) \to 0$ für $t \to \infty$. Falls (mindestens) ein Pol im Bereich $\mathrm{Re}\,s > 0$ liegt, gilt $|f(t)| \to \infty$ für $t \to \infty$.

Rücktransformation bei einfachen Polstellen

Im Falle echt gebrochen rationaler Funktionen ($m < n$) gilt bei n einfachen Polen die Darstellung

$$F(s) = \frac{a_0 + a_1 s + \ldots + a_m s^m}{b_n (s - s_{\infty 1})(s - s_{\infty 2})\ldots(s - s_{\infty n})} = \frac{A_1}{s - s_{\infty 1}} + \frac{A_2}{s - s_{\infty 2}} + \ldots + \frac{A_n}{s - s_{\infty n}}, \quad m < n \quad (5.11)$$

mit

$$A_\nu = \{F(s)(s - s_{\infty\nu})\}_{s = s_{\infty\nu}}, \quad \nu = 1\ldots n. \quad (5.12)$$

Die A_ν in Gl. 5.11 bezeichnet man als Entwicklungskoeffizienten oder Residuen. Die zu reellen Polen gehörenden Residuen sind reell, zu konjugiert komplexen Polpaaren gehören konjugiert komplexe Residuen. Die Gleichung zur Berechnung von A_ν ist so zu verstehen, daß zuerst $F(s)$ mit $(s - s_{\infty\nu})$ multipliziert wird. Dieser Faktor kürzt sich gegen den gleichen im Nenner von $F(s)$ stehenden Ausdruck weg. Danach ist $s = s_{\infty\nu}$ einzusetzen.

Durch Rücktransformation der Partialbrüche in Gl. 5.11 (siehe Korrespondenzentabelle im Anhang A.2) erhält man die Zeitfunktion

$$f(t) = s(t)A_1 e^{s_{\infty 1} t} + s(t)A_2 e^{s_{\infty 2} t} + \ldots + s(t)A_n e^{s_{\infty n} t}. \quad (5.13)$$

Aus dieser Beziehung erkennt man, daß ein positiver Realteil einer der Polstellen ($\operatorname{Re} s_{\infty v} > 0$) zu einer Funktion mit der Eigenschaft $|f(t)| \to \infty$ für $t \to \infty$ führt. Haben alle Pole negative Realteile, dann gilt $f(t) = 0$ für $t \to \infty$.

Falls Zähler- und Nennergrad von $F(s)$ übereinstimmen ($m = n$), erreicht man durch Polynomdivision die Form $F(s) = K + \tilde{F}(s)$. Dabei ist $\tilde{F}(s)$ eine echt gebrochen rationale Funktion, die in der oben beschriebenen Art behandelt werden kann. Mit der Korrespondenz $\delta(t) \, O\!\!-\!\!1$ wird dann $f(t) = K\delta(t) + \tilde{f}(t)$, wobei $\tilde{f}(t)$ die Laplace-Rücktransformierte der (echt gebrochen rationalen) Funktion $\tilde{F}(s)$ ist.

Rücktransformation bei mehrfachen Polstellen

Zur Erklärung genügt es eine (echt gebrochen rationale) Funktion zu betrachten, die (neben möglicherweise anderen Polstellen) eine k-fache Polstelle bei $s = s_{\infty}$ aufweist. Dann gilt

$$F(s) = \frac{P_1(s)}{(s - s_{\infty})^k \tilde{P}_2(s)}. \tag{5.14}$$

Das Polynom $\tilde{P}_2(s)$ hat die möglicherweise weiteren Nennernullstellen von $F(s)$. Die Partialbruchentwicklung von $F(s)$ führt auf die Form

$$F(s) = \frac{A_1}{s - s_{\infty}} + \frac{A_2}{(s - s_{\infty})^2} + \ldots + \frac{A_k}{(s - s_{\infty})^k} + \tilde{F}(s). \tag{5.15}$$

$\tilde{F}(s)$ enthält die restlichen zu den anderen Polen gehörenden Partialbrüche. Die Koeffizienten in Gl. 5.15 berechnen sich nach folgender Beziehung:

$$A_\mu = \frac{1}{(k - \mu)!} \frac{d^{k-\mu}}{ds^{k-\mu}} \{ F(s)(s - s_{\infty})^k \}_{s = s_{\infty}}, \quad \mu = 1 \ldots k. \tag{5.16}$$

Die zu reellen Polen gehörenden Residuen sind reell, zu konjugiert komplexen Polpaaren gehören konjugiert komplexe Residuen.

Zur Rücktransformation benötigt man die Korrespondenz (siehe Tabelle im Anhang A.2)

$$s(t) \frac{t^n}{n!} e^{s_{\infty} t} \, O\!\!-\!\!\frac{1}{(s - s_{\infty})^{n+1}}, \quad n = 0,1,2,\ldots \tag{5.17}$$

Dann wird mit $F(s)$ entsprechend Gl. 5.15

$$f(t) = A_1 s(t) e^{s_{\infty} t} + A_2 s(t) t e^{s_{\infty} t} + \ldots + A_k s(t) \frac{t^{k-1}}{(k-1)!} e^{s_{\infty} t} + \tilde{f}(t). \tag{5.18}$$

$\tilde{f}(t)$ ist die zu $\tilde{F}(s)$ gehörende Zeitfunktion. Solange $\tilde{F}(s)$ nur einfache Pole hat, erfolgt die Rücktransformation nach der oben besprochenen Methode. Enthält $\tilde{F}(s)$ mehrfache Pole, so erfolgt nochmals eine Behandlung entsprechend Gl. 5.14.

Berechnung von Systemreaktionen

Die Impulsantwort eines kausalen Systems hat die Eigenschaft $g(t) = 0$ für $t < 0$. Daher kann man bei kausalen Systemen die Laplace-Transformierte

$$G(s) = \int_{0-}^{\infty} g(t)e^{-st}\,dt \tag{5.19}$$

der Impulsantwort berechnen. Für $G(s)$ verwendet man ebenfalls die Bezeichnung Übertragungsfunktion, obwohl dieser Begriff eigentlich als Namen für die Fourier-Transformierte $G(j\omega)$ der Impulsantwort (siehe Gl. 2.20) vergeben ist.

Systeme, die aus endlich vielen konzentrierten (zeitunabhängigen) Bauelementen aufgebaut sind, besitzen rationale Laplace-Transformierte

$$G(s) = \frac{a_0 + a_1 s + a_2 s^2 + \ldots + a_m s^m}{b_0 + b_1 s + b_2 s^2 + \ldots + b_{n-1} s^{n-1} + s^n}. \tag{5.20}$$

> $G(s)$ ist genau dann die Übertragungsfunktion eines linearen, kausalen und stabilen Systems, wenn
>
> a) der Zählergrad m den Nennergrad n nicht übersteigt, $m \leq n$,
>
> b) alle Polstellen von $G(s)$ negative Realteile haben, also in der linken s-Halbebene liegen.

Hinweis:
Das Nennerpolynom $P_2(s) = b_0 + b_1 s + \ldots + b_{n-1} s^{n-1} + s^n$ von $G(s)$ hat bei stabilen Systemen nur Nullstellen mit negativen Realteilen. Polynome mit solchen Eigenschaften werden als Hurwitzpolynome bezeichnet. Eine notwendige Bedingung für ein Hurwitzpolynom ist, daß alle Polynomkoeffizienten vorhanden und entweder alle positiv oder negativ sein müssen.

Da bei stabilen Systemen alle Pole links der $j\omega$ −Achse liegen, gehört die imaginäre Achse voll zum Konvergenzbereich. Dies bedeutet, daß bei stabilen Systemen stets auch die Fourier-Transformierte der Impulsantwort $G(j\omega)$ existiert. Die Laplace-Transformierte der Impulsantwort $G(s)$ kann daher auch so bestimmt werden, daß z.B. mit der komplexen Rechnung $G(j\omega)$ ermittelt und dort $j\omega$ durch s ersetzt wird.

Hat das Eingangssignal eines kausalen Systems die Eigenschaft $x(t) = 0$ für $t < 0$, dann besteht zwischen den Laplace-Transformierten des Ein- und Ausgangssignales der (im Bild 1.12 dargestellte) wichtige Zusammenhang:

$$Y(s) = X(s)G(s). \tag{5.21}$$

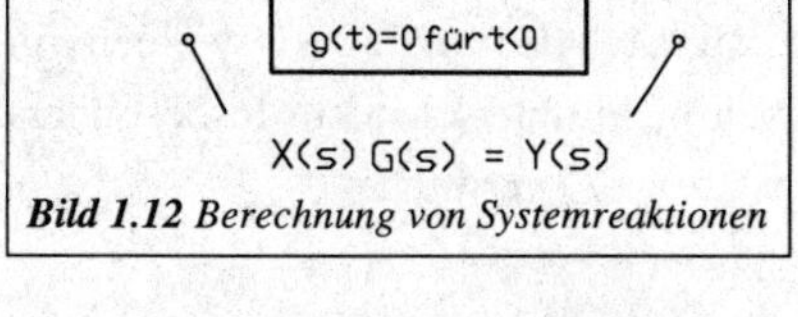

Bild 1.12 Berechnung von Systemreaktionen

Die Berechnung mit Gl. 5.21 ist oft einfacher als mit der entsprechenden Beziehung $Y(j\omega) = X(j\omega)G(j\omega)$ bei der Fourier-Transformation. Bei rationalen Laplace- Transformierten $G(s)$ und $X(s)$ ist die Rücktransformation der dann ebenfalls rationalen Funktion $Y(s)$ durch Partialbruchentwicklung nach den oben beschriebenen Verfahren möglich. Bei nichtkausalen Systemen oder bei nichtkausalen Eingangssignalen ist Gl. 5.21 nicht anwendbar.

Bei der Berechnung von Netzwerkreaktionen nach der Gl. 5.21 ist vorausgesetzt, daß die Energiespeicher des Netzwerkes zum "Einschaltzeitpunkt" leer sind. Dies bedeutet stromlose Induktivitäten und ungeladene Kapazitäten. Bei nicht leeren Energiespeichern gilt die modifizierte Beziehung $Y(s) = X(s)G(s) + R(s)$. Im Lehrbuchabschnitt 5.5 wird gezeigt, wie man den Ausdruck $R(s)$ bei gegebenen Anfangsbedingungen ermitteln kann.

1.6 Zeitdiskrete Signale und Systeme

Die in diesem Abschnitt angegebenen Beziehungen und Gleichungen werden im Abschnitt 6 des Lehrbuches (bei den älteren Auflagen Abschnitt 5) erklärt und abgeleitet.

Schema einer zeitdiskreten/digitalen Signalverarbeitung

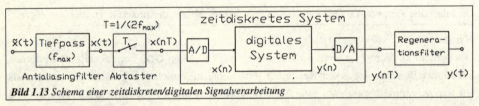

Bild 1.13 *Schema einer zeitdiskreten/digitalen Signalverarbeitung*

Das Spektrum eines analogen Signales $\tilde{x}(t)$ wird zunächst durch einen Tiefpaß (Bezeichnung Antialiasing-Tiefpaß) auf eine Bandbreite f_{max} begrenzt. Dadurch ist sichergestellt, daß aus den durch Abtastung entstehenden Werten $x(nT)$ das Ursprungsignal $x(t)$ exakt rekonstruiert werden kann (siehe Gl. 3.20). Die Abtastwerte $x(nT)$ stellen das Eingangssignal für ein zeitdiskretes System dar. Aus der Ausgangsfolge $y(nT)$ dieses Systems kann (falls erforderlich) wieder ein analoges Signal erzeugt werden. Die Frequenz $f_{max} = 1/(2T)$ wird häufig als die **maximale Betriebsfrequenz** des zeitdiskreten Systems bezeichnet.

Das zeitdiskrete System kann so realisiert werden, daß die Abtastwerte $x(nT)$ unmittelbar verarbeitet werden (Beispiel: Schalter-Kondensator Filter). Bei einer digitalen Realisierung werden die Signalwerte $x(nT)$ durch eine A/D-Wandlung zunächst in eine Zahlenfolge $x(n)$ überführt. Das eigentliche digitale System kann als spezieller Rechner angesehen werden, der die Eingangszahlenfolge $x(n)$ in eine Ausgangszahlenfolge $y(n)$ "umrechnet". Durch eine anschließende D/A-Wandlung entstehen die Ausgangssignalwerte $y(nT)$. Wir werden im folgenden zwischen digitalen und zeitdiskreten Systemen nicht unterscheiden. Insbesonders wird für Signale meist die kürzere Bezeichnung $x(n)$ anstatt $x(nT)$ verwendet.

Grundlagen

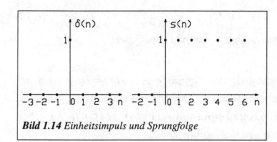

Bild 1.14 *Einheitsimpuls und Sprungfolge*

Einheitsimpuls:

$$\delta(n) = \begin{cases} 1 & \text{für } n = 0 \\ 0 & \text{für } n \neq 0 \end{cases}, \tag{6.1}$$

Sprungfolge:

$$s(n) = \begin{cases} 0 & \text{für } n < 0 \\ 1 & \text{für } n \geq 0 \end{cases}. \tag{6.2}$$

Beziehungen mit dem Einheitsimpuls

$$\delta(n) = \delta(-n), \quad \delta(n - n_0) = \delta(n_0 - n), \tag{6.3}$$

$$f(n)\delta(n) = f(0)\delta(n), \quad f(n)\delta(n - n_0) = f(n_0)f(n - n_0), \tag{6.4}$$

$$f(n) = \sum_{\nu = -\infty}^{\infty} f(\nu)\delta(n - \nu). \tag{6.5}$$

Der Einheitsimpuls ist eine gerade Funktion (Gl. 6.3). Bei Gl. 6.5 spricht man auch von der Ausblendsumme.

Zusammenhang zwischen dem Einheitsimpuls und der Sprungfolge

$$\delta(n) = s(n) - s(n - 1), \quad s(n) = \sum_{\nu = -\infty}^{n} \delta(\nu). \tag{6.6}$$

Geometrische Reihe

$$1, q, q^2, q^3, \dots, q^{m-1}, \quad S_m = 1 + q + q^2 + \dots + q^{m-1} = \sum_{i=0}^{m-1} q^i = \frac{1 - q^m}{1 - q}, \tag{6.7}$$

$$S = \sum_{i=0}^{\infty} q^i = \frac{1}{1 - q}, |q| < 1. \tag{6.8}$$

Im Fall $|q| < 1$ existiert die Summe der geometrischen Reihe mit unendlich vielen Gliedern.

Systeme

Der Zusammenhang zwischen dem Ein- und Ausgangssignal wird durch die Operatorenbeziehung $y(n) = T\{x(n)\}$ beschrieben. Die folgenden Beziehungen entsprechen sinngemäß den entsprechenden Aussagen für kontinuierliche Systeme (Abschnitt 1.2).

Zusammenstellung von Systemeigenschaften

Linearität: $T\{k_1 x_1(n) + k_2 x_2(n)\} = k_1 T\{x_1(n)\} + k_2 T\{x_2(n)\}$ (6.9)

Zeitinvarianz: $T\{x(n)\} = y(n), \quad T\{x(n - n_0)\} = y(n - n_0)$ (6.10)

Stabilität: $|y(n)| < N < \infty$, wenn $|x(n)| < M < \infty$ (6.11)

Kausalität: aus $x(n) = 0$ für $n < n_0$ folgt $y(n) = 0$ für $n < n_0$ (6.12)

Im folgenden werden stets lineare und zeitinvariante Systeme vorausgesetzt.

Sprungantwort und Impulsantwort

Die Systemreaktion $y(n)$ auf das Eingangssignal "Sprungfolge" $x(n) = s(n)$ wird als **Sprungantwort** $h(n)$ bezeichnet, d.h. $h(n) = T\{s(n)\}$. Die Systemreaktion $y(n)$ auf das Eingangssignal "Einheitsimpuls" $x(n) = \delta(n)$ heißt **Impulsantwort** $g(n) = T\{\delta(n)\}$. Zwischen diesen beiden Systemreaktionen bestehen folgende Zusammenhänge

$$g(n) = h(n) - h(n-1), \quad h(n) = \sum_{v=-\infty}^{n} g(v).$$ (6.13)

Notwendig und hinreichend für die Stabilität eines Systems ist die Eigenschaft

$$\sum_{n=-\infty}^{\infty} |g(n)| < K < \infty,$$ (6.14)

notwendig und hinreichend für die Kausalität die Eigenschaft

$$g(n) = 0 \text{ für } n < 0.$$ (6.15)

Faltungssumme

Bei Kenntnis der Impulsantwort können Systemreaktionen auf beliebige Eingangssignale mit der Faltungssumme berechnet werden:

$$y(n) = \sum_{v=-\infty}^{\infty} x(v)g(n-v) = \sum_{v=-\infty}^{\infty} x(n-v)g(v).$$ (6.16)

Diese Gleichungen werden bisweilen in der Kurzform $y(n) = x(n)*g(n) = g(n)*x(n)$ dargestellt, wobei $*$ das Faltungssymbol bedeutet.

Übertragungsfunktion

Durch Abtastung des Signales $x(t) = e^{j\omega t}$ im Abstand T entsteht das zeitdiskrete Signal $x(n) = x(nT) = e^{jn\omega T}$. Ein lineares zeitinvariantes zeitdiskretes System reagiert auf dieses (komplexe) Eingangssignal $x(n) = e^{jn\omega T}$ mit $y(n) = G(j\omega)e^{jn\omega T}$. Aus diesem Zusammenhang erhält man die Übertragungsfunktion

$$G(j\omega) = \frac{y(n)}{x(n)}\Bigg|_{x(n)=e^{jn\omega T}}.$$ (6.17)

Aus Gl. 6.17 ergeben sich unmittelbar die beiden folgenden Beziehungen

$$x(n) = \cos(n\omega T) \Rightarrow y(n) = \mathrm{Re}\{G(j\omega)e^{jn\omega T}\},$$
$$x(n) = \sin(n\omega T) \Rightarrow y(n) = \mathrm{Im}\{G(j\omega)e^{jn\omega T}\}.$$ (6.18)

Bei Kenntnis der Impulsantwort kann die Übertragungsfunktion auch nach der Beziehung

$$G(j\omega) = \sum_{n=-\infty}^{\infty} g(n)e^{-jn\omega T}$$ (6.19)

berechnet werden. Aus dieser Gleichung erkennt man, daß $G(j\omega)$ eine periodische Funktion mit der Periode $2\pi/T$ ist. In der Praxis sorgt man (z.B. durch analoge Vorfilter) dafür, daß die Eingangssignale mit $\omega = \pi/T$ bandbegrenzt werden, so daß die Periodizität "ohne Wirkung" bleibt (siehe Bild 1.13 und auch die Erklärungen im Lehrbuchabschnitt 6).

z-Transformation

Grundgleichungen und Eigenschaften

Einer Funktion $f(n)$ mit der Eigenschaft $f(n) = 0$ für $n < 0$ wird gemäß Gl. 6.20 umkehrbar eindeutig eine Funktion, die z-Transformierte $F(z)$, zugeordnet. Dabei ist z eine komplexe Variable. Die Zuordnung der beiden Funktionen wird durch die Schreibweise $f(n) \circ\!\!-\!\!-\!\!\bullet F(z)$ ausgedrückt. Bei $F(z)$ spricht man auch von dem Bildbereich.

Grundgleichungen

$$F(z) = \sum_{n=0}^{\infty} f(n)z^{-n}, \quad f(n) = \frac{1}{2\pi j} \oint F(z)z^{n-1}dz, \quad f(n) \circ\!\!-\!\!-\!\!\bullet F(z). \tag{6.20}$$

Eine z-Transformierte existiert genau dann, wenn $f(n)$ der Ungleichung $|f(n)| < K \cdot R^n$ mit geeignet gewählten Werten von K und R genügt. Ist R der kleinstmögliche Wert bei dieser Ungleichung, so konvergiert die Summe für $F(z)$ nach Gl. 6.20 für alle Werte $|z| > R$. Diesen Wertebereich von z nennt man den Konvergenzbereich der z-Transformierten. Der Integrationsweg bei der Rücktransformationsformel muß vollständig im Konvergenzbereich der z-Transformierten liegen. Neben der hier behandelten (einseitigen) z-Transformation gibt es auch noch eine sogenannte zweiseitige, bei der die Einschränkung $f(n) = 0$ für $n < 0$ entfällt.

Eigenschaften

Es gelten die Korrespondenzen

$$f(n) \circ\!\!-\!\!-\!\!\bullet F(z), |z| > |\tilde{z}|; \quad f_1(n) \circ\!\!-\!\!-\!\!\bullet F_1(z), |z| > |\tilde{z}_1|; \quad f_2(n) \circ\!\!-\!\!-\!\!\bullet F_2(z), |z| > |\tilde{z}_2|.$$

Linearität: $k_1 f_1(n) + k_2 f_2(n) \circ\!\!-\!\!-\!\!\bullet k_1 F_1(z) + k_2 F_2(z), \quad |z| > \max(|\tilde{z}_1|, |\tilde{z}_2|)$ (6.21)

Verschiebungssatz: $f(n-i) \circ\!\!-\!\!-\!\!\bullet z^{-i}F(z), \quad i > 0, \quad |z| > |\tilde{z}|$ (6.22)

Multiplikation mit n: $n \cdot f(n) \circ\!\!-\!\!-\!\!\bullet -z\dfrac{dF(z)}{dz}, \quad |z| > |\tilde{z}|$ (6.23)

Faltung: $f_1(n) * f_2(n) \circ\!\!-\!\!-\!\!\bullet F_1(z) \cdot F_2(z), \quad |z| > \max(|\tilde{z}_1|, |\tilde{z}_2|)$ (6.24)

Anfangswertsatz: $f(0) = \lim\limits_{z \to \infty}\{F(z)\}$ (6.25)

Endwertsatz: $f(\infty) = \lim\limits_{z \to 1}\{(z-1)F(z)\}$, Existenz von $f(\infty)$ vorausgesetzt (6.26)

Bei Gl. 6.24 ist die Faltung durch folgende Beziehung definiert:

$$f_1(n) * f_2(n) = \sum_{v=-\infty}^{\infty} f_1(v)f_2(n-v). \tag{6.27}$$

Rationale z-Transformierte

$$F(z) = \frac{P_1(z)}{P_2(z)} = \frac{c_0 + c_1 z + \ldots + c_q z^q}{d_0 + d_1 z + \ldots + d_r z^r} = \frac{c_q}{d_r} \frac{(z - z_{01})(z - z_{02})\ldots(z - z_{0q})}{(z - z_{\infty 1})(z - z_{\infty 2})\ldots(z - z_{\infty r})}, \quad d_r \neq 0. \quad (6.28)$$

Die Koeffizienten c_μ, d_ν ($\mu = 0\ldots q$, $\nu = 0\ldots r$) sollen reell sein. $z_{0\mu}$ sind die Nullstellen des Zählerpolynoms $P_1(z)$, $z_{\infty\nu}$ die Nullstellen von $P_2(z)$ bzw. die Polstellen von $F(z)$. Infolge der reellen Koeffizienten können nur reelle Null- und Polstellen oder konjugiert komplexe Null- und Polstellenpaare auftreten.

Pol-Nullstellenschema

Als Darstellungsmittel für rationale z-Transformierte $F(z)$ ist das Pol-Nullstellenschema von Bedeutung. Man erhält es, wenn in der komplexen z-Ebene die Pol- und Nullstellen von $F(z)$ markiert werden (Pole durch Kreuze, Nullstellen durch Kreise). Das Pol-Nullstellenschema (Abk. PN-Schema) beschreibt $F(z)$ bis auf eine Konstante. Der Konvergenzbereich von $F(z)$ liegt außerhalb des Kreises, der durch den vom Koordinatenursprung am weitesten entfernten Pol geht. Wenn alle Pole von $F(z)$ im Einheitskreis $|z| < 1$ liegen, handelt es sich bei $f(n)$ um eine "abklingende" Funktion mit der Eigenschaft $f(n) \to 0$ für $n \to \infty$. Falls (mindestens) ein Pol im Bereich $|z| > 1$ liegt, gilt $|f(n)| \to \infty$ für $n \to \infty$.

Rücktransformation gebrochen rationaler z-Transformierter

$F(z)$ wird in Partialbrüche zerlegt. Dabei gelten genau die gleichen Beziehungen wie bei der Laplace-Transformation. In den Gln. 5.11, 5.12 bzw. 5.15, 5.16 ist lediglich die Variable s durch z zu ersetzen. Zur Rücktransformation der dabei entstehenden Partialbrüche werden folgende Korrespondenzen benötigt:

$$\frac{1}{z^i} \;\multimap\; \delta(n - i), \quad i = 0,1,2,\ldots,$$

$$\frac{1}{z - z_\infty} \;\multimap\; s(n-1)z_\infty^{n-1} = \begin{cases} 0 \text{ für } n < 1 \\ z_\infty^{n-1} \text{ für } n \geq 1 \end{cases},$$

$$\frac{1}{(z - z_\infty)^i} \;\multimap\; = s(n-i)\binom{n-1}{i-1}z_\infty^{n-i} = \begin{cases} 0 \text{ für } n < i \\ \binom{n-1}{i-1}z_\infty^{n-i} \text{ für } n \geq i \end{cases}, \quad i = 1,2,\ldots, \qquad (6.29)$$

dabei gilt $\binom{m}{k} = \dfrac{m!}{k!(m-k)!} = \dfrac{m(m-1)\ldots.(m-k+1)}{1 \cdot 2 \cdots k}$.

Berechnung von Systemreaktionen mit der z-Transformation

Bei kausalen Systemen hat die Impulsantwort die Eigenschaft $g(n) = 0$ für $n < 0$. In diesem Fall kann die z-Transformierte

$$G(z) = \sum_{n=0}^{\infty} g(n)z^{-n} \qquad (6.30)$$

der Impulsantwort berechnet werden. $G(z)$ wird oft Übertragungsfunktion genannt, obwohl diese Bezeichnung genaugenommen für die Beziehung 6.19

$$G(j\omega) = \sum_{n=0}^{\infty} g(n)e^{-jn\omega T} = \sum_{n=0}^{\infty} g(n)(e^{j\omega T})^{-n} \tag{6.31}$$

zutrifft. Bei Gl. 6.31 wurde die Eigenschaft $g(n) = 0$ für $n < 0$ berücksichtigt.

Ein Vergleich der rechten Form von Gl. 6.31 mit $G(z)$ nach Gl. 6.30 zeigt den Zusammenhang

$$G(j\omega) = G(z = e^{j\omega T}), \quad G(z) = G(j\omega = (\ln z)/T). \tag{6.32}$$

Aus der z-Transformierten $G(z)$ der Impulsantwort erhält man die Übertragungsfunktion $G(j\omega)$, wenn z durch $e^{j\omega T}$ ersetzt wird. Von $G(j\omega)$ kommt man auf $G(z)$, wenn dort $j\omega$ durch $(\ln z)/T$ ersetzt wird.

Zeitdiskrete Systeme, die aus endlich vielen Bauelementen (Addierern, Multiplizierern, Verzögerungsgliedern) aufgebaut sind, besitzen rationale z-Transformierte

$$G(z) = \frac{c_0 + c_1 z + c_2 z^2 + \ldots + c_q z^q}{d_0 + d_1 z + d_2 z^2 + \ldots + d_{r-1} z^{r-1} + z^r}. \tag{6.33}$$

$G(z)$ ist genau dann die Übertragungsfunktion eines linearen, kausalen und stabilen zeitdiskreten Systems, wenn
a) der Zählergrad q den Nennergrad r nicht übersteigt, $q \le r$,
b) alle Polstellen von $G(z)$ im Einheitskreis $|z| < 1$ liegen.

Hat das Eingangssignal eines kausalen Systems die Eigenschaft $x(n) = 0$ für $n < 0$, dann besteht zwischen den z-Transformierten des Ein- und Ausgangssignales der (im Bild 1.15 dargestellte) wichtige Zusammenhang 6.34. Zur Berechnung von Systemreaktionen ermittelt man zunächst die z-Transformierte $X(z)$ des Eingangssignales, wobei nach Möglichkeit Korrespondenztabellen verwendet werden. Nach Multiplikation mit $G(z)$ erhält man die z-Transformierte $Y(z)$ des Ausgangssignales. Bei rationalen Funktionen entwickelt man $Y(z)$ in Partialbrüche und transformiert diese zurück (siehe Gl. 6.29).

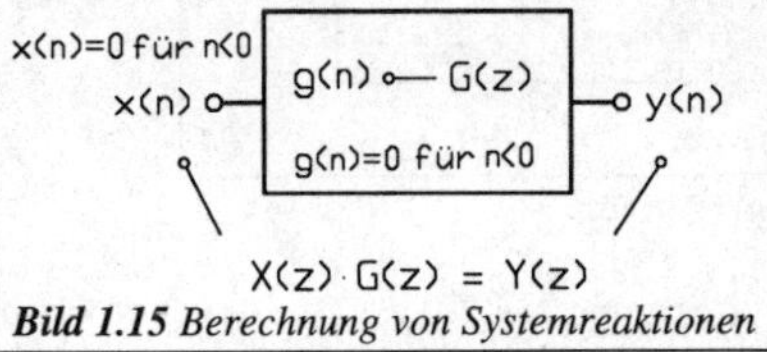

$$Y(z) = X(z)G(z). \tag{6.34}$$

Bild 1.15 Berechnung von Systemreaktionen

Differenzengleichungen und Schaltungen

Systeme 1. Grades

$$G(z) = \frac{c_0 + c_1 z}{d_0 + z}, \; |d_0| < 1, \quad y(n) + d_0 y(n-1) = c_1 x(n) + c_0 x(n-1). \tag{6.35}$$

Die Koeffizienten bei der Übertragungsfunktion stimmen mit denen der Differenzengleichung (rechte Beziehung) überein. Differenzengleichungen können rekursiv gelöst werden. Mit $x(n) = 0$ für $n < 0$ und damit auch $y(n) = 0$ für $n < 0$ erhält man aus der Differenzengleichung:

$$\begin{aligned}
y(n) &= c_1 x(n) + c_0 x(n-1) - d_0 y(n-1), \\
n = 0{:}\; y(0) &= c_1 x(0), \\
n = 1{:}\; y(1) &= c_1 x(1) + c_0 x(0) - d_0 y(0), \\
n = 2{:}\; y(2) &= c_1 x(2) + c_0 x(1) - d_0 y(1) \; \text{usw.}
\end{aligned} \tag{6.36}$$

Im linken Bildteil 1.16 ist eine Realisierungsstruktur für ein zeitdiskretes (digitales) System 1. Grades skizziert.

Systeme 2. Grades

$$G(z) = \frac{c_0 + c_1 z + c_2 z^2}{d_0 + d_1 z + z^2}, \quad \left| -\frac{d_1}{2} \pm \sqrt{\frac{d_1^2}{4} - d_0} \right| < 1, \tag{6.37}$$
$$y(n) + d_1 y(n-1) + d_0 y(n-2) = c_2 x(n) + c_1 x(n-1) + c_0 x(n-2).$$

Die Koeffizienten bei der Übertragungsfunktion stimmen mit denen der Differenzengleichung überein. Eine rekursive Lösung der Differenzengleichung ist mit der Form

$$y(n) = c_2 x(n) + c_1 x(n-1) + c_0 x(n-1) - d_1 y(n-1) - d_0 y(n-2) \tag{6.38}$$

möglich. Aus dieser Beziehung erklärt sich auch die rechts im Bild 1.16 für eine System 2. Grades skizzierte Schaltung.

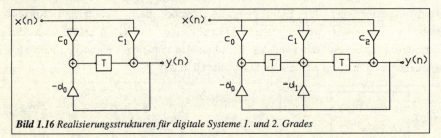

Bild 1.16 *Realisierungsstrukturen für digitale Systeme 1. und 2. Grades*

Der allgemeine Fall

Ein System mit $G(z)$ gemäß Gl 6.33 wird durch eine Differenzengleichung

$$y(n) + d_{r-1} + \ldots + d_0 y(n-r) = c_q x(n-(r-q)) + \ldots + c_0 x(n-r), \quad q \le r \tag{6.39}$$

beschrieben. Die Realisierung erfolgt in der Praxis meistens durch Hintereinanderschaltungen von Systemen 1. und 2. Grades.

1.7 Stochastische Signale

Die in diesem Abschnitt angegebenen Beziehungen und Gleichungen werden im Abschnitt 7 des Lehrbuches (bei den älteren Auflagen Abschnitt 6) erklärt und abgeleitet.

Die Beschreibung von Zufallssignalen

Falls eine Zufallsvariable X von einem Parameter t abhängt, spricht man von einem Zufallssignal oder Zufallsprozeß $X(t)$. Der Parameter t hat (hier) die Bedeutung der Zeit. Bei einem festen Wert des Parameters t ist $X(t)$ eine Zufallsgröße mit einem Erwartungswert $E[X(t)]$ und einer Streuung $\sigma^2_{X(t)}$. Im allgemeinen sind diese Kennwerte zeitabhängig.

Betrachtet man zwei Zeitpunkte t und $t + \tau$, so liegen zwei Zufallsgrößen $X(t)$ und $X(t + \tau)$ vor. Ihre Abhängigkeit kann durch den Korrelationskoeffizienten (siehe Gl. 9.9)

$$r = \frac{E[X(t)X(t+\tau)] - E[X(t)]\,E[X(t+\tau)]}{\sigma_{X(t)}\sigma_{X(t+\tau)}} \tag{7.1}$$

beschrieben werden. Im Sonderfall $\tau = 0$ wird $r = 1$, denn dann gilt $X(t) = X(t + \tau)$ und dies kann als lineare Abhängigkeit interpretiert werden (siehe Abschnitt 1.9).

Von besonderer Bedeutung ist der in Gl. 7.1 auftretende Erwartungswert des Produktes

$$E[X(t)X(t+\tau)] = R_{XX}(\tau, t), \tag{7.2}$$

den man **Autokorrelationsfunktion** (Abk. AKF) nennt. Die Autokorrelationsfunktion ist eine wichtige Kennfunktion zur Beschreibung von Zufallssignalen.

Beispiel für ein Zufallssignal
A sei eine normalverteilte Zufallsgröße mit dem Mittelwert 0 und der Streuung $\sigma^2_A = 1$, dann ist

$$X(t) = A\cos(\omega t)$$

ein (normalverteilter) Zufallsprozeß mit dem Erwartungswert und dem zweiten Moment bzw. der Streuung

$$E[X(t)] = E[A]\cos(\omega t) = 0, \quad E[X^2(t)] = \sigma^2_{X(t)} = E[A^2]\cos^2(\omega t) = \cos^2(\omega t).$$

Mit $X(t)X(t+\tau) = A^2\cos(\omega t)\cos[\omega(t+\tau)]$ wird die Autokorrelationsfunktion nach Gl. 7.2

$$R_{XX}(\tau, t) = \cos(\omega t)\cos[\omega(t+\tau)].$$

Die 1. Wahrscheinlichkeitsdichte von $X(t)$ erhält man, wenn in Gl. 9.6 $m = E[X] = 0$ und $\sigma^2 = \sigma^2_{X(t)} = \cos^2(\omega t)$ eingesetzt wird. Wegen der Zeitabhängigkeit der Streuung ist auch $p(x)$ zeitabhängig. Die zweidimensionale Dichte hat eine Form nach Gl. 9.10 mit dem Korrelationskoeffizienten gemäß Gl. 7.1. Bei Kenntnis von $p(x)$ kann nach Gl. 9.2 ausgerechnet werden, mit welcher Wahrscheinlichkeit Signalwerte des Zufallsprozesses in einem vorgegebenen Bereich liegen. Mit der zweidimensionalen Dichte kann ermittelt werden, mit welcher Wahrscheinlichkeit Signalwerte bei t in einem Bereich $c_1 < X(t) < d_1$ und gleichzeitig bei $t + \tau$ in einem Bereich $c_2 < X(t + \tau) < d_2$ auftreten (Gl. 9.8). Wenn die Zufallsvariable A einen speziellen Wert a annimmt, hat das Zufallssignal die Form $x(t) = a \cos(\omega t)$, man spricht dann von einer **Realisierung** des Zufallssignales.

Stationäre und ergodische Zufallssignale

Bei dem Beispiel wurde ein normalverteiltes Zufallssignal mathematisch "konstruiert". Im allgemeinen ist ein geschlossener mathematischer Ausdruck zur Beschreibung von $X(t)$ jedoch nicht vorhanden. Von dem Zufallssignal liegen nur mehr oder weniger viele Realisierungsfunktionen vor, wie dies im Bild 1.17 angedeutet ist. Wenn ausreichend viele Realisierungen vorliegen, können Mittelwert, 2. Moment bzw. Streuung und Auto-korrelationsfunktion als Schar- oder Ensemblemittelwerte nach Gl. 7.3 berechnet werden. Bei **stationären** Zufallssignalen sind Mittelwert, 2. Moment bzw. Streuung und die Autokorrelationsfunktion zeitunabhängig. Bei **ergodischen** Zufallssignalen können diese Kenngrößen aus einer einzigen Realisierung des Zufallsprozesses $x(t)$ nach Gl. 7.4 berechnet werden. Die Stationarität ist eine notwendige Voraussetzung für die Ergodizität. Alle weiteren Ausführungen beziehen sich auf stationäre ergodische Zufallsprozesse.

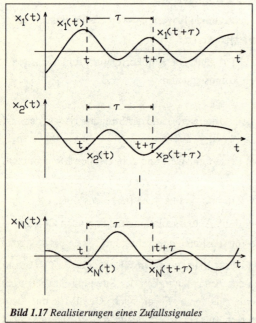

Bild 1.17 *Realisierungen eines Zufallssignales*

Schar- oder Ensemblemittelwerte:

$$E[X(t)] \approx \frac{1}{N} \sum_{i=1}^{N} x_i(t),$$

$$E[X^2(t)] \approx \frac{1}{N} \sum_{i=1}^{N} x_i^2(t), \qquad (7.3)$$

$$R_{XX}(\tau, t) \approx \frac{1}{N} \sum_{i=1}^{N} x_i(t) x_i(t + \tau).$$

Zeitmittelwerte bei ergodischen Signalen:

$$E[X] = \lim_{T \to \infty} \frac{1}{2T} \int_{-T}^{T} x(t) dt,$$

$$E[X^2] = \lim_{T \to \infty} \frac{1}{2T} \int_{-T}^{T} x^2(t) dt, \qquad (7.4)$$

$$R_{XX}(\tau) = \lim_{T \to \infty} \frac{1}{2T} \int_{-T}^{T} x(t) x(t + \tau) dt.$$

Eigenschaften von Autokorrelationsfunktionen

Autokorrelationsfunktionen sind gerade Funktionen. Aus Gl. 7.4 folgt, daß die Auto-korrelationsfunktion bei $\tau = 0$ mit der **mittleren Leistung** $E[X^2]$ übereinstimmt. Bei $\tau = \infty$

entspricht die Autokorrelationsfunktion dem quadrierten Mittelwert des Signales und schließlich hat $R_{XX}(\tau)$ bei $\tau = 0$ ein absolutes Maximum:

$$R_{XX}(\tau) = R_{XX}(-\tau), \quad R_{XX}(0) = E[X^2], \quad R_{XX}(\infty) = (E[X])^2, \quad R_{XX}(0) \geq |R_{XX}(\tau)|. \qquad (7.5)$$

Die Bedingungen nach Gl. 7.5 sind notwendig, aber nicht hinreichend dafür, daß eine Funktion eine Autokorrelationsfunktion sein kann. Eine notwendige und hinreichende Bedingung ist, daß die Fourier-Transformierte von $R_{XX}(\tau)$ (die spektrale Leistungsdichte, siehe Gl. 7.11) reell ist und keine negativen Werte annimmt.

Aus Gl. 7.5 erhält man den Mittelwert und die Streuung von $X(t)$ sowie den Korrelationskoeffizienten (siehe Gl. 7.1) zwischen den Zufallsgrößen $X(t)$ und $X(t + \tau)$:

$$E[X] = \pm\sqrt{R_{XX}(\infty)}, \quad \sigma_X^2 = R_{XX}(0) - R_{XX}(\infty), \quad r_{X(t)X(t+\tau)} = \frac{R_{XX}(\tau) - R_{XX}(\infty)}{R_{XX}(0) - R_{XX}(\infty)}. \qquad (7.6)$$

Normalverteilte Zufallssignale werden durch ihre Autokorrelationsfunktionen (bis auf das Vorzeichen ihres Mittelwertes) vollständig beschrieben.

Autokorrelationsfunktionen periodischer Signale

Obschon Korrelationsfunktionen nur für Zufallssignale eingeführt wurden, können die Beziehungen 7.4 auch bei nichtzufälligen periodischen Signalen angewandt werden. So erhält man mit der Gleichung für $R_{XX}(\tau)$ die folgenden Ergebnisse:

$$x(t) = c \cos(\omega_0 t + \varphi) \quad \Leftrightarrow \quad R_{XX}(\tau) = \frac{c^2}{2}\cos(\omega_0\tau),$$

$$x(t) = c_0 + \sum_{v=1}^{\infty} c_v \cos(v\omega_0 t + \varphi_v) \quad \Leftrightarrow \quad R_{XX}(\tau) = c_0^2 + \sum_{v=1}^{\infty} \frac{c_v^2}{2}\cos(v\omega_0\tau). \qquad (7.7)$$

Dies bedeutet, daß ein periodisches Signal eine ebenfalls periodische Autokorrelationsfunktion mit der gleichen Periode $T = 2\pi/\omega_0$ hat. Die "Nullphasenwinkel" φ_v treten in der Korrelationsfunktion nicht auf. Weiterhin gilt auch hier die Eigenschaft $R_{XX}(\tau) = R_{XX}(-\tau)$ und $E[X^2] = R_{XX}(0)$.

Kreuzkorrelationsfunktionen

Sind $X(t)$ und $Y(t)$ stationäre ergodische Zufallssignale, dann können folgende Kreuzkorrelationsfunktionen definiert werden

$$R_{XY}(\tau) = \lim_{T \to \infty} \frac{1}{2T} \int_{-T}^{T} x(t)y(t + \tau)dt, \quad R_{YX}(\tau) = \lim_{T \to \infty} \frac{1}{2T} \int_{-T}^{T} y(t)x(t + \tau)dt. \qquad (7.8)$$

Dabei gelten folgende Beziehungen

$$R_{XY}(\tau) = R_{YX}(-\tau), \quad |R_{XY}(\tau)| \leq \sqrt{R_{XX}(0)R_{YY}(0)} \leq 0,5\{R_{XX}(0) + R_{YY}(0)\}. \qquad (7.9)$$

Der Korrelationskoeffizient zwischen den Zufallsvariablen $X(t)$ und $Y(t + \tau)$ berechnet sich zu

$$r = \frac{R_{XY}(\tau) - \mathrm{E}[X]\,\mathrm{E}[Y]}{\sigma_X\sigma_Y} \quad \text{bzw.} \quad r = \frac{R_{XY}(\tau)}{\sigma_X\sigma_Y} \text{ bei } \mathrm{E}[X]=0 \text{ oder } \mathrm{E}[Y]=0. \qquad (7.10)$$

Korrelatoren

Korrelatoren sind Meßgeräte zur Messung von Korrelationsfunktionen. Das Bild zeigt das Funktionsschema eines Korrelators.

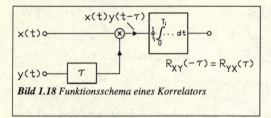

Bild 1.18 *Funktionsschema eines Korrelators*

Eine Vertauschung der Signale am Eingang führt zum Meßergebnis $R_{YX}(-\tau)=R_{XY}(\tau)$. Im Falle $x(t)=y(t)$ wird die Autokorrelationsfunktion $R_{XX}(-\tau)=R_{XX}(\tau)$ gemessen.

Die spektrale Leistungsdichte

Die Fourier-Transformierte $S_{XX}(\omega)$ einer Autokorrelationsfunktion $R_{XX}(\tau)$ wird spektrale Leistungsdichte genannt, dann gelten gemäß Gl. 3.3 die Beziehungen (Wiener-Chintschin-Theorem)

$$S_{XX}(\omega) = \int_{-\infty}^{\infty} R_{XX}(\tau)e^{-j\omega\tau}d\tau, \quad R_{XX}(\tau) = \frac{1}{2\pi}\int_{-\infty}^{\infty} S_{XX}(\omega)e^{j\omega\tau}d\omega. \qquad (7.11)$$

Da $R_{XX}(\tau)$ eine gerade Funktion ist, ist $S_{XX}(\omega)$ eine reelle Funktion und außerdem ist

$$S_{XX}(\omega) \geq 0 \quad \text{für alle } \omega. \qquad (7.12)$$

Aus Gl. 7.11 erhält man die mittlere Signalleistung

$$P_X = R_{XX}(0) = \mathrm{E}[X^2] = \frac{1}{2\pi}\int_{-\infty}^{\infty} S_{XX}(\omega)d\omega = \int_{-\infty}^{\infty} S_{XX}(f)df. \qquad (7.13)$$

Die mittlere Signalleistung entspricht der Fläche unter der über der Frequenz f aufgetragenen spektralen Leistungsdichte $S_{XX}(f)$. Falls ein Meßgerät zur Messung der mittleren Leistung nur Signale im Frequenzbereich von f_1 bis f_2 messen kann, liefert dieses einen Wert

$$P_{f_1,f_2} = 2\int_{f_1}^{f_2} S_{XX}(f)df. \qquad (7.14)$$

Von **weißem Rauschen** spricht man im Fall

$$S_{XX}(\omega) = a, \quad R_{XX}(\tau) = a\delta(\tau), \quad a > 0. \qquad (7.15)$$

Die Fläche unter der spektralen Leistungsdichte ist hier unendlich groß und das bedeutet, daß mit weißem Rauschen ein Zufallssignal mit unendlich großer mittlerer Leistung vorliegt. Weißes Rauschen kann als Grenzfall von **bandbegrenztem weißen Rauschen** (Gl. 7.16) mit der unten skizzierten spektralen Leistungsdichte und Autokorrelationsfunktion aufgefaßt werden.

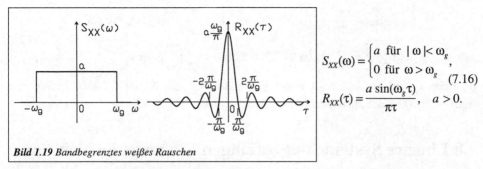

$$S_{XX}(\omega) = \begin{cases} a & \text{für } |\omega| < \omega_g \\ 0 & \text{für } \omega > \omega_g \end{cases},$$

$$R_{XX}(\tau) = \frac{a \sin(\omega_g \tau)}{\pi \tau}, \quad a > 0. \tag{7.16}$$

Bild 1.19 *Bandbegrenztes weißes Rauschen*

Das Bild 1.20 zeigt zwei Ersatzschaltungen für "rauschende" Widerstände. Es handelt sich um Rauschquellen mit weißem Rauschen, die ineinander umgerechnet werden können.

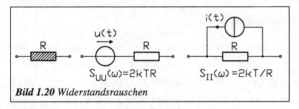

Bild 1.20 *Widerstandsrauschen*

$$S_{UU}(\omega) = 2kTR$$
$$S_{II}(\omega) = 2kT/R \tag{7.17}$$

absolute Temperatur: T in K,
Bolzmann'sche Konstante:
$k = 1{,}3803 \cdot 10^{-23}$ J/K:

Kreuzleistungsspektren

Als Kreuzleistungsdichte oder auch Kreuzleistungsspektrum bezeichnet man die Fourier-Transformierte der Kreuzkorrelationsfunktion. Es gelten die Gleichungspaare

$$S_{XY}(\omega) = \int_{-\infty}^{\infty} R_{XY}(\tau) e^{-j\omega\tau} d\tau, \quad R_{XY}(\tau) = \frac{1}{2\pi} \int_{-\infty}^{\infty} S_{XY}(\omega) e^{j\omega\tau} d\omega,$$

$$S_{YX}(\omega) = \int_{-\infty}^{\infty} R_{YX}(\tau) e^{-j\omega\tau} d\tau, \quad R_{YX}(\tau) = \frac{1}{2\pi} \int_{-\infty}^{\infty} S_{YX}(\omega) e^{j\omega\tau} d\omega. \tag{7.18}$$

Aus der Eigenschaft $R_{XY}(-\tau) = R_{YX}(\tau)$ (siehe Gl. 7.9) folgt bei den Kreuzleistungsspektren der Zusammenhang

$$S_{YX}(\omega) = S_{XY}(-\omega) = S_{XY}{}^*(\omega). \tag{7.19}$$

Zeitdiskrete Zufallssignale

Fast alle bisher angegebenen Begriffe und Erklärungen können sinngemäß auf zeitdiskrete Zufallssignale übertragen werden. Im Falle stationärer und ergodischer zeitdiskreter Zufallsprozesse gilt

$$E[X] = \lim_{N \to \infty} \frac{1}{2N+1} \sum_{n=-N}^{N} x(n), \quad E[X^2] = \lim_{N \to \infty} \frac{1}{2N+1} \sum_{n=-N}^{N} x^2(n),$$

$$R_{XX}(m) = \lim_{N \to \infty} \frac{1}{2N+1} \sum_{n=-N}^{N} x(n)x(n+m), \quad R_{XY}(m) = \lim_{N \to \infty} \frac{1}{2N+1} \sum_{n=-N}^{N} x(n)y(n+m). \tag{7.20}$$

Die Beschreibung zeitdiskreter Signale im Frequenzbereich erfolgt durch die Beziehungen

$$S_{XX}(\omega) = \sum_{m=-\infty}^{\infty} R_{XX}(m)e^{-jm\omega T}, \quad R_{XX}(m) = \frac{T}{2\pi}\int_{-\pi/T}^{\pi/T} S_{XX}(\omega)e^{jm\omega T}d\omega,$$

$$S_{XY}(\omega) = \sum_{m=-\infty}^{\infty} R_{XY}(m)e^{-jm\omega T}, \quad R_{XY}(m) = \frac{T}{2\pi}\int_{-\pi/T}^{\pi/T} S_{XY}(\omega)e^{jm\omega T}d\omega. \tag{7.21}$$

Im Falle $R_{XX}(m) = a\delta(m), a > 0$ erhält man nach Gl. 7.21 $S_{XX}(\omega) = 1$, man spricht von (zeitdiskreten) weißen Rauschen. $\delta(m)$ ist dabei der nach Gl. 6.1 definierte Einheitsimpuls.

1.8 Lineare Systeme mit zufälligen Eingangssignalen

Die in diesem Abschnitt angegebenen Beziehungen und Gleichungen werden im Abschnitt 8 des Lehrbuches (bei den älteren Auflagen Abschnitt 7) erklärt und abgeleitet.

Vorbemerkungen und Voraussetzungen

Vorausgesetzt werden lineare zeitinvariante Systeme deren Eingangssignale stationäre ergodische Zufallssignale sein sollen. Dies bedeutet, daß die Eingangssignale schon von "$t = -\infty$ an" am Systemeingang anliegen und die Systemreaktionen im eingeschwungenen Zustand vorliegen. Damit sind auch die Systemreaktionen stationäre ergodische Zufallssignale.

Der Zusammenhang zwischen den zufälligen Ein- und Ausgangssignalen wird entsprechend Gl. 2.17 durch das Faltungsintegral beschrieben:

$$Y(t) = \int_{-\infty}^{\infty} X(\tau)g(t-\tau)d\tau = \int_{-\infty}^{\infty} X(t-\tau)g(\tau)d\tau. \tag{8.1}$$

Eine Realisierung $x(t)$ des Zufallsprozesses $X(t)$ liefert eine Realisierung der zufälligen Systemreaktion $Y(t)$:

$$y(t) = \int_{-\infty}^{\infty} x(\tau)g(t-\tau)d\tau = \int_{-\infty}^{\infty} x(t-\tau)g(\tau)d\tau.$$

Normalverteilte Eingangssignale führen bei linearen Systemen zu ebenfalls normalverteilten Ausgangssignalen. Dies bedeutet, daß dann die Autokorrelationsfunktionen $R_{XX}(\tau)$ und $R_{YY}(\tau)$ diese Zufallssignale vollständig beschreiben.

Systemreaktionen bei zufälligen Eingangssignalen

Vorausgesetzt wird, daß die Autokorrelationsfunktion $R_{XX}(\tau)$ und die spektrale Leistungsdichte $S_{XX}(\omega)$ des zufälligen Eingangssignales bekannt sein sollen. Bei nicht mittelwertfreien Eingangssignalen (d.h. $R_{XX}(\infty) = (E[X])^2 \neq 0$) soll außerdem noch das Vorzeichen des Mittelwertes und damit $E[X]$ bekannt sein. Dann kann man die entsprechenden Kenngrößen des Ausgangssignales folgendermaßen ermitteln

$$E[Y] = E[X]\int_{-\infty}^{\infty} g(\tau)d\tau, \quad R_{YY}(\tau) = \int_{-\infty}^{\infty}\int_{-\infty}^{\infty} R_{XX}(\tau+u-v)g(u)g(v)du\,dv. \tag{8.2}$$

Man erkennt, daß ein mittelwertfreies Eingangssignal ein mittelwertfreies Ausgangssignal zur Folge hat. Das Ausgangssignal ist auf jeden Fall mittelwertfrei, wenn die Fläche unter der Impulsantwort verschwindet.

Die Berechnung von $R_{YY}(\tau)$ kann oft einfacher mit der Beziehung

$$S_{YY}(\omega) = |\,G(j\omega)\,|^2\,S_{XX}(\omega) \qquad (8.3)$$

erfolgen. Zur Interpretation dieser Beziehung wird auf die Darstellung im Bild 1.21 verwiesen.

Der Zusammenhang zwischen den Zufallsprozessen $X(t)$ und $Y(t)$ kann durch die Kreuzkorrelationsfunktion $R_{XY}(\tau)$ oder deren Fourier-Transformierte $S_{XY}(\omega)$ beschrieben werden. Es gelten folgende Beziehungen

$$R_{XY}(\tau) = \int_{-\infty}^{\infty} R_{XX}(\tau - u)g(u)du, \quad S_{XY}(\omega) = G(j\omega)S_{XX}(\omega). \qquad (8.4)$$

Ein Vergleich dieser Beziehungen mit dem Faltungsintegral (Gl. 2.17) zeigt, daß sich die Kreuzkorrelationsfunktion durch eine Faltung der Autokorrelationsfunktion mit der Impulsantwort ergibt: $R_{XY}(\tau) = R_{XX}(\tau)*g(\tau)$.

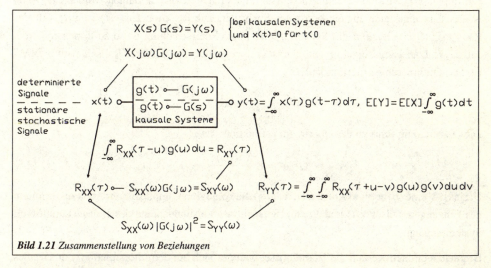

Bild 1.21 *Zusammenstellung von Beziehungen*

Einige Anwendungen

Formfilter

Formfilter haben die Aufgabe die Autokorrelationsfunktion bzw. die spektrale Leistungsdichte eines Zufallssignales in eine vorgeschriebene (gewünschte) "Form" zu bringen. Dieses Problem liegt z.B. vor, wenn ein Rauschsignal mit einer vorgeschriebenen spektralen Leistungsdichte benötigt wird und der Rauschgenerator nur weißes Rauschen liefert. Bei gegebenen Autokorrelationsfunktionen $R_{XX}(\tau)$ und $R_{YY}(\tau)$ ermittelt man zunächst die spektralen Leistungsdichten $S_{XX}(\omega)$ und $S_{YY}(\omega)$ und dann erhält man nach Gl. 8.3

$$| G(j\omega) |^2 = \frac{S_{YY}(\omega)}{S_{XX}(\omega)}. \tag{8.5}$$

Aus dieser Beziehung kann schließlich die Übertragungsfunktion $G(j\omega)$ des Formfilters ermittelt werden.

Eine Meßmethode zur Messung der Impulsantwort

Gemessen wird die Kreuzkorrelationsfunktion $R_{XY}(\tau)$ zwischen dem Ein- und Ausgangssignal eines Systems. Das Eingangssignal für das System sei weißes Rauschen mit der spektralen Leistungsdichte $S_{XX}(\omega) = a$. Dann wird nach Gl. 8.4 $S_{XY}(\omega) = aG(j\omega)$ und dies bedeutet $R_{XY}(\tau) = ag(\tau)$. Der Korrelator mißt also (bis auf den Faktor a) die Impulsantwort $g(\tau)$ des Systems. Der Vorteil dieser Meßmethode ist, daß Störsignale keinen Einfluß auf das Meßergebnis haben. Für weitere Informationen wird auf den Lehrbuchabschnitt 8.3.2 verwiesen.

Optimale Suchfilter

Ein Impuls $x(t)$ wird von einem Störsignal $r(t)$ überlagert. Das empfangene Signal $x(t) + r(t)$ ist das Eingangssignal für ein optimales Suchfilter. Die Reaktion auf $x(t)$ ist $y(t)$, auf das Rauschsignal $r(t)$ reagiert das System mit $n(t)$. Die Filterschaltung ist so zu dimensionieren, daß das Nutzausgangssignal $y(t)$ möglichst groß gegenüber der mittleren Rauschleistung $E[N^2]$ ist. Das Optimierungskriterium lautet:

$$\frac{y^2(t_0)}{E[N^2]} = \text{max}.$$

Die Optimierung führt zu der Übertragungsfunktion

$$G(j\omega) = K \frac{X^*(j\omega)e^{-j\omega t_0}}{S_{RR}(\omega)}. \tag{8.6}$$

Darin ist K eine (beliebige) Konstante, $X^*(j\omega)$ die konjugiert komplexe Fourier-Transformierte des Eingangsimpulses $x(t)$ und $S_{RR}(\omega)$ die spektrale Leistungsdichte des Rauschsignales am Systemeingang.

Besonders einfach werden die Verhältnisse, wenn es sich bei dem Störsignal $r(t)$ um weißes Rauschen handelt. In diesem Fall ist $S_{RR}(\omega) = a$ und $G(j\omega) = \tilde{K}X^*(j\omega)e^{-j\omega t_0}$. Die Rücktransformation von $G(j\omega)$ liefert dann die Impulsantwort des optimalen Suchfilters

$$g(t) = \tilde{K}x(t_0 - t). \tag{8.7}$$

Man erhält $g(t)$ (bis auf den Faktor $\tilde{K}$), indem der Eingangsimpuls "umgeklappt" und nach t_0 "verschoben" wird. Die Systemreaktion des optimalen Suchfilters auf $x(t)$ und dessen Maximalwert $y(t_0)$ lautet

$$y(t) = \tilde{K} \int_{-\infty}^{\infty} x(u)x[u + (t_0 - t)]du, \quad y(t_0) = \tilde{K} \int_{-\infty}^{\infty} x^2(u)du. \tag{8.8}$$

Das "Signal-Rauschverhältnis" hat dann den Wert

$$\frac{y^2(t_0)}{\mathrm{E}[N^2]} = \frac{1}{a}\int_{-\infty}^{\infty} x^2(u)du = \frac{1}{a}W, \quad W = \int_{-\infty}^{\infty} x^2(t)dt. \tag{8.9}$$

Darin ist a die "Höhe" der spektralen Leistungsdichte des Rausch-Eingangssignales. W wird als Energie des Signales $x(t)$ bezeichnet.

Zeitdiskrete Systeme

$$\mathrm{E}[Y] = \mathrm{E}[X] \sum_{\nu=-\infty}^{\infty} g(\nu),$$

$$R_{YY}(m) = \sum_{\mu=-\infty}^{\infty} \sum_{\nu=-\infty}^{\infty} R_{XX}(m+\mu-\nu)g(\mu)g(\nu), \quad S_{YY}(\omega) = |G(j\omega)|^2 S_{XX}(\omega), \tag{8.10}$$

$$R_{XY}(m) = \sum_{\nu=-\infty}^{\infty} R_{XX}(m-\nu)g(\nu), \quad S_{XY}(\omega) = G(j\omega)S_{XX}(\omega).$$

1.9 Wahrscheinlichkeitsrechnung

Die in diesem Abschnitt angegebenen Beziehungen und Gleichungen sind im Anhang A des Lehrbuches ausführlicher zusammengestellt.

Eindimensionale Zufallsvariable

Die Verteilungsfunktion $F(x)$ und die Wahrscheinlichkeitsdichtefunktion $p(x)$ einer Zufallsgröße X sind durch die Beziehungen

$$F(x) = P(X \le x), \quad p(x) = \frac{dF(x)}{dx} \tag{9.1}$$

definiert. $P(X \le x)$ bedeutet, daß die Zufallsgröße X einen Wert annimmt, der kleiner oder gleich x ist. $F(x)$ ist eine monoton ansteigende Funktion mit $F(-\infty) = 0$ und $F(\infty) = 1$. Die Dichtefunktion $p(x)$ kann keine negativen Werte annehmen, die Fläche unter ihr hat den Wert 1. Weiterhin gelten folgende Beziehungen

$$P(a < X \le b) = F(b) - F(a) = \int_a^b p(x)dx, \tag{9.2}$$

$$\mathrm{E}[X] = \int_{-\infty}^{\infty} x\,p(x)dx, \quad \mathrm{E}[X^2] = \int_{-\infty}^{\infty} x^2 p(x)dx,$$

$$\sigma^2 = \int_{-\infty}^{\infty} (x - \mathrm{E}[X])^2 p(x)\,dx = \mathrm{E}[X^2] - (\mathrm{E}[X])^2. \tag{9.3}$$

Darin ist $\mathrm{E}[X]$ der Erwartungswert, $\mathrm{E}[X^2]$ das 2. Moment und σ^2 die Streuung der Zufallsvariablen. Die (positive) Wurzel σ aus der Streuung heißt Standardabweichung.

Ist $Y = g(X)$ eine Funktion der Zufallsvariablen X, dann kann der Erwartungswert von Y ohne Kenntnis der Dichtefunktion $p(y)$ berechnet werden, es gilt

$$E[Y] = E[g(X)] = \int_{-\infty}^{\infty} g(x)p(x)dx \qquad (9.4)$$

Gleichverteilung

In diesem Fall hat $p(x)$ die im Bild 1.22 skizzierte Dichtefunktion. Rechts von dem Bild sind Mittelwert, 2. Moment und Streuung angegeben.

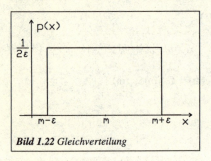

$$E[X] = m, \quad E[X^2] = m^2 + \frac{\varepsilon^2}{3},$$

$$\sigma^2 = \frac{\varepsilon^2}{3}, \quad \sigma = \frac{1}{\sqrt{3}}\varepsilon. \qquad (9.5)$$

Bild 1.22 *Gleichverteilung*

Normalverteilung

In diesem Fall hat $p(x)$ die im Bild 1.23 skizzierte Dichtefunktion. Erwartungswert $m = E[X]$ und Streuung σ^2 sind Parameter in der Dichtefunktion nach Gl. 9.6.

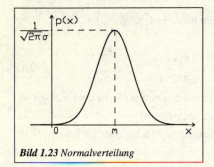

$$p(x) = \frac{1}{\sqrt{2\pi}\,\sigma} e^{-(x-m)^2/(2\sigma^2)}. \qquad (9.6)$$

Auftrittswahrscheinlichkeiten von normalverteilten Zufallsgrößen:
$P(m - \sigma < X < m + \sigma) = 0{,}6826$: "$\sigma$-Bereich",
$P(m - 2\sigma < X < m + 2\sigma) = 0{,}9544$: "$2\sigma$-Bereich",
$P(m - 3\sigma < X < m + 3\sigma) = 0{,}9972$: "$3\sigma$-Bereich",
$P(m - 4\sigma < X < m + 4\sigma) = 0{,}9999$: "$4\sigma$-Bereich".

Bild 1.23 *Normalverteilung*

Obschon die Dichte der Normalverteilung (Gl. 9.6) für keinen Wert von x verschwindet, liegt doch fast die gesamte Fläche im 4σ-Bereich. Werte außerhalb dieses Bereiches sind sehr unwahrscheinlich.

Zwei- und mehrdimensionale Zufallsgrößen

Im zweidimensionalen Fall sind die Verteilungs- und Dichtefunktion folgendermaßen definiert

$$F(x,y) = P(X \leq x, Y \leq y), \quad p(x,y) = \frac{d^2 F(x,y)}{dx\,dy}. \qquad (9.7)$$

$F(x, y)$ ist eine in beiden Variablen monoton ansteigende Funktion und es gilt $F(-\infty, -\infty) = 0$, $F(\infty, \infty) = 1$, $F(x, \infty) = F(x)$, $F(\infty, y) = F(y)$. Schließlich wird bei voneinander unabhängigen Zufallsgrößen $F(x, y) = F(x) \cdot F(y)$. Weiterhin gelten die Beziehungen

$$P(a < X \le b, c < Y \le d) = \int_{x=a}^{b} \int_{y=c}^{d} p(x, y) dx dy, \quad \int_{-\infty}^{\infty} \int_{-\infty}^{\infty} p(x, y) dx dy = 1,$$

$$E[g(X, Y)] = \int_{-\infty}^{\infty} \int_{-\infty}^{\infty} g(x, y) p(x, y) dx dy, \quad E[XY] = \int_{-\infty}^{\infty} \int_{-\infty}^{\infty} x y p(x, y) dx dy. \tag{9.8}$$

Korrelationskoeffizient

Sind X und Y zwei Zufallsgrößen mit den Erwartungswerten $E[X]$, $E[Y]$ und den Standardabweichungen σ_X, σ_Y, so ist der Korrelationskoeffizient zwischen diesen Zufallsgrößen folgendermaßen definiert:

$$r_{XY} = \frac{E[XY] - E[X] E[Y]}{\sigma_X \sigma_Y} = \frac{E[(X - E[X])(Y - E[Y])]}{\sigma_X \sigma_Y}. \tag{9.9}$$

Der Korrelationskoeffizient ist ein Maß für die Abhängigkeit der beiden Zufallsgrößen. Er liegt im Bereich $-1 \le r_{XY} \le 1$. Bei $r_{XY} = 0$ liegen unabhängige (genauer unkorrelierte) Zufallsgrößen vor. $r_{XY} = 1$ bedeutet eine lineare Abhängigkeit der Zufallsgrößen in "gleicher" Richtung. $r_{XY} = -1$ heißt, daß die beiden Zufallsgrößen "gegenläufig" linear voneinander abhängen, z.B. $Y = -2X$.

Zweidimensionale Normalverteilung

X und Y sollen zwei normalverteilte Zufallsgrößen sein, mit den Erwartungswerten $m_X = E[X]$, $m_Y = E[Y]$, den Streuungen σ_X^2 und σ_Y^2 und dem Korrelationskoeffizienten $r = r_{XY}$. Dann lautet die Dichte der zweidimensionalen Normalverteilung

$$p(x, y) = \frac{1}{2\pi\sigma_X\sigma_Y\sqrt{1-r^2}} \exp\left\{\frac{-1}{1-r^2}\left[\frac{(x-m_X)^2}{2\sigma_X^2} + \frac{(y-m_Y)^2}{2\sigma_Y^2} - r\frac{(x-m_X)(y-m_Y)}{\sigma_X\sigma_Y}\right]\right\}. \tag{9.10}$$

Bei unkorrelierten Zufallsgrößen ist $r = r_{XY} = 0$ und aus Gl. 9.10 erhält man dann das Produkt der beiden eindimensionalen Dichtefunktionen $p(x, y) = p(x)p(y)$.

Summen von Zufallsgrößen

Ist $Z = k_1 X + k_2 Y$ die gewichtete Summe aus zwei Zufallsgrößen X und Y, so wird

$$E[Z] = E[k_1 X + k_2 Y] = k_1 E[X] + k_2 E[Y], \quad \sigma_Z^2 = k_1^2 \sigma_X^2 + k_2^2 \sigma_Y^2 + 2 k_1 k_2 r_{XY} \sigma_X \sigma_Y. \tag{9.11}$$

Im Falle unabhängiger (genauer unkorrelierter) Zufallsgrößen vereinfacht sich die Beziehung für die Streuung der Summe:

$$\sigma_Z^2 = k_1^2 \sigma_X^2 + k_2^2 \sigma_Y^2. \tag{9.12}$$

Bei einer Summe von Zufallsvariablen addieren sich deren Erwartungswerte, sind die Zufallsvariablen zusätzlich noch unabhängig voneinander, dann addieren sich auch die Streuungen. Diese Beziehungen können auf (gewichtete) Summen mit beliebig vielen Summanden erweitert werden.

2 Die Berechnung von Systemreaktionen im Zeitbereich

Die Beispiele dieses Abschnittes beziehen sich auf den 2. (bei den älteren Auflagen 1.) Abschnitt des Lehrbuches. Sie sind in insgesamt vier Gruppen unterteilt. Die erste Aufgabengruppe 2.1 umfaßt acht Beispiele bei denen das System durch die Sprungantwort charakterisiert ist. Zu ermitteln sind immer die Impulsantwort und die Übertragungsfunktion. Weitere Fragen beziehen sich auf Systemeigenschaften und die Ermittlung von Systemreaktionen bei denen das Faltungsintegral nicht angewendet werden muß. Die zweite Aufgabengruppe 2.2 umfaßt vier Beispiele bei denen die Systeme durch die Impulsantwort beschrieben werden und die Sprungantwort berechnet werden soll. Die wichtige Aufgabengruppe 2.3 mit insgesamt sechs Beispielen bezieht sich auf die Anwendung des Faltungsintegrales. Die fünf Aufgaben in der Aufgabengruppe 2.4 betreffen den gesamten Stoff des 2. Lehrbuchabschnittes und enthalten die Lösungen nur in einer Kurzform.

Dem Leser wird empfohlen, die mit "E" gekennzeichneten Aufgaben zuerst zu bearbeiten. Es handelt sich hierbei um besonders charakteristische Aufgaben mit detaillierten Lösungen und oft auch noch zusätzlichen Hinweisen. Die Bezeichnung "K" bedeutet, daß die Lösungen nur in einer Kurzform angegeben sind. Die wichtigsten zur Lösung der Aufgaben erforderlichen Gleichungen sind im Abschnitt 1.2 zusammengestellt.

Aufgabengruppe 2.1

Bei den Aufgaben dieser Gruppe werden die Systeme durch ihre Sprungantwort beschrieben. Zu ermitteln sind bei allen Beispielen die Impulsantwort und die Übertragungsfunktion. Weitere Fragen beziehen sich auf die Ermittlung einfacher Systemreaktionen bei der das Faltungsintegral nicht angewendet werden muß.

Aufgabe 2.1.1   E

Das Bild zeigt eine RC-Schaltung mit dem Eingangssignal $x(t) = s(t)$ und der Reaktion $y(t) = h(t)$ (Sprungantwort).

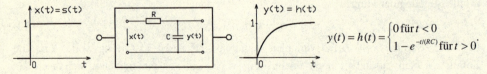

$$y(t) = h(t) = \begin{cases} 0 & \text{für } t < 0 \\ 1 - e^{-t/(RC)} & \text{für } t > 0 \end{cases}$$

a) Berechnen und skizzieren Sie die Impulsantwort $g(t)$.

b) Weisen Sie nach, daß das vorliegende System stabil ist.

c) Berechnen Sie die Übertragungsfunktion $G(j\omega)$ dieses Systems.

d) Stellen Sie die Differentialgleichung für das System auf.

e) Ermitteln Sie die Systemreaktion auf $x(t) = \cos(\omega_0 t)$.

f) Ermitteln und skizzieren Sie die Systemreaktion auf den rechts skizzierten Eingangsimpuls $x(t)$.

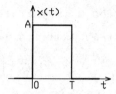

Lösung

a) $h(t)$ ist eine stetige Funktion, die abschnittsweise differenziert werden kann. Daher gilt (Gl. 2.14)

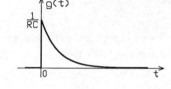

$$g(t) = \frac{dh(t)}{dt} = \begin{cases} 0 & \text{für } t < 0 \\ \dfrac{1}{RC} e^{-t/(RC)} & \text{für } t > 0 \end{cases}.$$

Das Bild zeigt den Verlauf der Impulsantwort.

Anderer (formaler) Lösungsweg:

Mit Hilfe der Sprungfunktion $s(t)$ kann $h(t)$ als geschlossener Ausdruck dargestellt werden:

$$h(t) = s(t)(1 - e^{-t/(RC)}).$$

Für $t < 0$ ist $s(t) = 0$ und damit auch $h(t) = 0$, für $t > 0$ ist s(t)=1 und damit $h(t) = 1 - e^{-t/(RC)}$. Differenziert man $h(t)$ in seiner geschlossenen Form, so erhält man nach der Produktregel

$$g(t) = h'(t) = \delta(t)(1 - e^{-t/(RC)}) + s(t)\frac{1}{RC} e^{-t/(RC)}.$$

Bei Beachtung der Beziehung (Gl. 2.5) $f(t)\delta(t) = f(0)\delta(t)$ entfällt der 1. Summand, denn es gilt $f(t) = 1 - e^{-t/(RC)}$ und $f(0) = 0$. Damit wird

$$g(t) = s(t)\frac{1}{RC} e^{-t/(RC)} = \begin{cases} 0 & \text{für } t < 0 \\ \dfrac{1}{RC} e^{-t/(RC)} & \text{für } t > 0 \end{cases}.$$

Hinweise:

1. Da das Ausgangssignal des Systems eine Spannung ist, hat die Sprungantwort $h(t)$ die Dimension V und aus der Beziehung $g(t) = dh(t)/dt$ ergibt sich für $g(t)$ die Dimension V/s.

2. Die Sprungfunktion $s(t)$ kommt hier in zwei völlig unterschiedlichen Bedeutungen vor. Zum einen ist $s(t)$ ein Eingangssignal (die Eingangsspannung der RC-Schaltung), die zur Sprungantwort $h(t)$ am Systemausgang führt. Zum anderen hat $s(t)$ die Aufgabe eine Funktion geschlossen darzustellen, z. B. die Funktion $h(t) = s(t)(1 - e^{-t/(RC)})$. Die in dieser Gleichung auftretende Sprungfunktion $s(t)$ darf nicht mit dem "Eingangssignal $s(t)$" verwechselt werden.

b) Mit $g(t) = 0$ für $t < 0$ erhalten wir (Gl. 2.15)

$$\int_{-\infty}^{\infty} |g(t)|\, dt = \int_{0}^{\infty} \frac{1}{RC} e^{-t/(RC)} dt = -e^{-t/(RC)}\Big|_{0}^{\infty} = 1 < \infty,$$

also ist das System stabil.

c) Mit der oben ermittelten Impulsantwort erhalten wir die Übertragungsfunktion (Gl. 2.20)

$$G(j\omega) = \int_{-\infty}^{\infty} g(t) e^{-j\omega t} dt = \int_{0}^{\infty} \frac{1}{RC} e^{-t/(RC)} e^{-j\omega t} dt = \frac{1}{RC} \int_{0}^{\infty} e^{-t(1/(RC)+j\omega)} dt =$$

$$= \frac{1}{RC} \frac{-1}{1/(RC)+j\omega} e^{-t(1/(RC)+j\omega)} \Big|_{0}^{\infty} = \frac{1}{1+j\omega RC}.$$

Der Ausdruck an der oberen Integrationsgrenze $t = \infty$ verschwindet, denn es gilt $e^{-t(1/(RC)+j\omega)} = e^{-t/(RC)} e^{-j\omega t} = e^{-t/(RC)}[\cos(\omega t) - j\sin(\omega t)] \to 0$ für $t \to \infty$.

Anderer (einfacherer) Lösungsweg:

Ermittlung der Übertragungsfunktion mit der komplexen Rechnung. Ersetzt man $x(t)$ durch die komplexe Eingangsspannung U_x, $y(t)$ durch U_y, so wird nach der Spannungsteilerregel

$$G(j\omega) = \frac{U_y}{U_x} = \frac{1/(j\omega C)}{R + 1/(j\omega C)} = \frac{1}{1+j\omega RC} = \frac{1/(RC)}{1/(RC)+j\omega}.$$

d) Die Übertragungsfunktion liegt in Form einer gebrochen rationalen Funktion vor:

$$G(j\omega) = \frac{a_0 + a_1 j\omega}{b_0 + j\omega} = \frac{1/(RC)}{1/(RC)+j\omega}.$$

Differentialgleichung (Gl. 2.23 mit den Koeffizienten $a_0 = b_0 = 1/(RC)$, $a_1 = 0$):

$$y'(t) + y(t)/(RC) = x(t)/(RC) \quad \text{oder} \quad RC\, y'(t) + y(t) = x(t).$$

e) Ein lineares zeitinvariantes System reagiert auf $x(t) = e^{j\omega t} = \cos(\omega t) + j\sin(\omega t)$ mit $y(t) = G(j\omega) e^{j\omega t} = \text{Re}\{G(j\omega) e^{j\omega t}\} + j\,\text{Im}\{G(j\omega) e^{j\omega t}\}$. Daraus folgt wegen der Linearität, daß $\text{Re}\{G(j\omega) e^{j\omega t}\}$ die Systemreaktion auf das Signal $\cos(\omega t)$ ist (siehe Gl. 2.19). Im vorliegenden Fall erhalten wir mit der oben angegebenen Übertragungsfunktion und $\omega = \omega_0$

$$y(t) = \text{Re}\left\{ \frac{1}{1+j\omega_0 RC} e^{j\omega_0 t} \right\} = \text{Re}\left\{ \frac{[\cos(\omega_0 t) + j\sin(\omega_0 t)](1 - j\omega_0 RC)}{1 + \omega_0^2 R^2 C^2} \right\} =$$

$$= \frac{1}{1+\omega_0^2 R^2 C^2}[\cos(\omega_0 t) + \omega_0 RC \sin(\omega_0 t)] = \frac{1}{\sqrt{1+\omega_0^2 R^2 C^2}} \cos(\omega_0 t + \varphi), \quad \varphi = -\text{Arctan}(\omega_0 RC).$$

Hinweis:

Den ganz rechts stehenden Ausdruck erhält man natürlich durch geeignete Umformungen, einfacher aber auf folgende Weise. Mit $G(j\omega) = |G(j\omega)|\, e^{j\varphi}$ wird

$$y(t) = \text{Re}\left\{ |G(j\omega_0)|\, e^{j\varphi} e^{j\omega_0 t} \right\} = |G(j\omega_0)|\, \text{Re}\left\{ e^{j(\omega_0 t + \varphi)} \right\} = |G(j\omega_0)|\cos(\omega_0 t + \varphi).$$

f) Das oben skizzierte Signal $x(t)$ kann mit Hilfe der Sprungfunktion in geschlossener Form ausgedrückt werden:

$$x(t) = A\,s(t) - A\,s(t-T).$$

Zur Erklärung wird auf das Bild verwiesen. Die Differenz der Funktionen $A\,s(t)$ und $A\,s(t-T)$ ergibt $x(t)$.

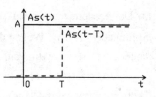

Auf $s(t)$ reagiert das System mit seiner Sprungantwort $h(t)$. Wegen der Linearität und Zeitinvarianz des Systems erhalten wir dann $y(t) = A\,h(t) - A\,h(t-T)$, d.h.

$$y(t) = A\,s(t)\,(1 - e^{-t/(RC)}) - A\,s(t-T)\,(1 - e^{-(t-T)/(RC)}) = \begin{cases} 0 & \text{für } t < 0 \\ A(1 - e^{-t/(RC)}) & \text{für } 0 < t < T \\ A\,e^{-t/(RC)}(e^{T/(RC)} - 1) & \text{für } t > T \end{cases}.$$

$y(t)$ ist rechts im Bild dargestellt. Man zeichnet zunächst die Funktionen $A\,h(t)$ und $A\,h(t-T)$, die Differenz ergibt $y(t)$, Maximalwert: $y(T) = A(1 - e^{-T/(RC)})$.

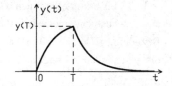

✓ Aufgabe 2.1.2

Die Sprungantwort eines Systems lautet

$$h(t) = s(t)\,(1 - 0{,}5e^{-2t}) = \begin{cases} 0 & \text{für } t < 0 \\ 1 - 0{,}5e^{-2t} & \text{für } t > 0 \end{cases}.$$

a) Berechnen und skizzieren Sie $g(t)$ und weisen Sie nach, daß das System stabil ist.

b) Ermitteln und skizzieren Sie die Systemreaktion auf das Eingangssignal $x(t) = 2s(t - 0{,}5)$.

c) Berechnen Sie die Übertragungsfunktion $G(j\omega)$ des Systems.

Lösung

a) Ableitung von $h(t)$ nach der Produktregel:

$$g(t) = h'(t) = \delta(t)\,(1 - 0{,}5e^{-2t}) + s(t)e^{-2t}.$$

Anwendung der Beziehung $f(t)\delta(t) = f(0)\delta(t)$ mit $f(0) = 0{,}5$:

$$g(t) = 0{,}5\delta(t) + s(t)e^{-2t}.$$

Zur Untersuchung der Stabilität muß der Dirac-Impuls in

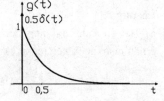

der Beziehung von $g(t)$ (bei der Gl. 2.15) nicht berücksichtigt werden (siehe Lehrbuchabschnitt 2.3.4). Daher (mit $\tilde{g}(t) = s(t)e^{-2t}$)

$$\int_{-\infty}^{\infty} |\tilde{g}(t)|\,dt = \int_{0}^{\infty} e^{-2t}dt = -0{,}5e^{-2t}\big|_{0}^{\infty} = 0{,}5 < \infty,$$

also ist das System stabil.

b) Das System reagiert auf $s(t)$ mit der oben angegebenen Sprungantwort $h(t)$. Wegen der Linearität und Zeitinvarianz lautet die Systemreaktion auf $x(t) = 2s(t - 0,5)$:

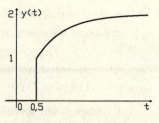

$$y(t) = 2h(t - 0,5) = 2s(t - 0,5)(1 - 0,5e^{-2(t-0,5)}).$$

Diese Reaktion ist rechts im Bild dargestellt.

c) Mit $g(t) = 0,5\delta(t) + s(t)e^{-2t}$ erhält man (Gl. 2.20)

$$G(j\omega) = \int_{-\infty}^{\infty} g(t)e^{-j\omega t}dt = \int_{-\infty}^{\infty} 0,5\delta(t)e^{-j\omega t}dt + \int_{0}^{\infty} e^{-2t}e^{-j\omega t}dt = 0,5 + \int_{0}^{\infty} e^{-t(2+j\omega)}dt = \frac{1}{2} + \frac{1}{2+j\omega}.$$

Hinweise:

Bei dem Integral mit dem Dirac-Impuls reicht es eigentlich aus, wenn von unmittelbar vor 0 (d.h. 0-) bis unmittelbar nach 0 (d.h. 0+) integriert wird. Die Lösung des Integrales ergibt sich aus der Ausblendeigenschaft (Gl. 2.6). Statt der Ausblendeigenschaft kann zunächst auch die Beziehung $f(t)\delta(t) = f(0)\delta(t)$ angewandt werden. Dies führt hier zu $0,5e^{-j\omega t}\delta(t) = 0,5\delta(t)$ und die anschließende Integration zu 0,5. Bei dem 2. Integral muß nur von 0 an integriert werden.

Aufgabe 2.1.3

Das Bild zeigt die Sprungantwort eines Systems
$$h(t) = s(t)0,5e^{-t/3}.$$

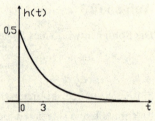

a) Berechnen und skizzieren Sie die Impulsantwort $g(t)$ des Systems.

b) Berechnen Sie die Übertragungsfunktion $G(j\omega)$.

c) Ermitteln und skizzieren Sie die Systemreaktion auf das rechts (nicht maßstäblich) dargestellte Eingangssignal $x(t)$.

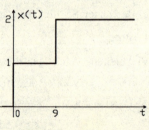

Lösung

a) Bei Berücksichtigung der Beziehung $f(t)\delta(t) = f(0)\delta(t)$ erhält man die (unten rechts skizzierte) Impulsantwort

$$g(t) = h'(t) = \delta(t)\frac{1}{2}e^{-t/3} - s(t)\frac{1}{6}e^{-t/3} = \frac{1}{2}\delta(t) - s(t)\frac{1}{6}e^{-t/3}.$$

b)

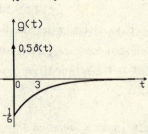

$$G(j\omega) = \int_{-\infty}^{\infty} g(t)e^{-j\omega t}dt = \int_{-\infty}^{\infty} \frac{1}{2}\delta(t)e^{-j\omega t}dt - \int_{0}^{\infty} \frac{1}{6}e^{-t/3}e^{-j\omega t}dt =$$

$$= \frac{1}{2} - \frac{1}{6}\int_{0}^{\infty} e^{-t(1/3+j\omega)}dt = \frac{1}{2} - \frac{1}{6}\frac{1}{1/3+j\omega}.$$

Das Integral mit dem Dirac-Impuls wird mit der Ausblendeigenschaft gelöst oder auch durch Anwendung der Beziehung $f(t)\delta(t) = f(0)\delta(t)$. Das 2. Integral ist elementar lösbar.

c) Das oben dargestellte Eingangssignal hat die Form $x(t) = s(t) + s(t-9)$. Auf $s(t)$ reagiert das System mit $h(t)$, auf $s(t-9)$ mit $h(t-9)$. Damit wird

$$y(t) = h(t) + h(t-9) = s(t)0,5e^{-t/3} + s(t-9)0,5e^{-(t-9)/3}.$$

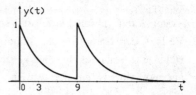

Aufgabe 2.1.4

Das Bild zeigt die Sprungantwort $h(t) = -0,5s(t)e^{-2t}$ eines Systems.

a) Berechnen und skizzieren Sie die Impulsantwort $g(t)$.
b) Berechnen Sie die Übertragungsfunktion $G(j\omega)$.
c) Ermitteln Sie die Systemreaktion auf $x(t) = e^{j\omega_0 t} + e^{j2\omega_0 t}$.

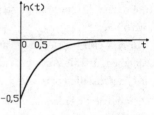

Lösung

a) Nach Anwendung der Produktregel und der Beziehung $f(t)\delta(t) = f(0)\delta(t)$ erhält man die Impulsantwort

$$g(t) = h'(t) = -0,5\delta(t)e^{-2t} + s(t)e^{-2t} = -0,5\delta(t) + s(t)e^{-2t}.$$

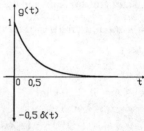

b)

$$G(j\omega) = \int_{-\infty}^{\infty} g(t)e^{-j\omega t}dt =$$

$$= -0,5\int_{-\infty}^{\infty} \delta(t)e^{-j\omega t}dt + \int_{0}^{\infty} e^{-t(2+j\omega t)}dt = -\frac{1}{2} + \frac{1}{2+j\omega}.$$

Das erste Integral ist mit Hilfe der Ausblendeigenschaft auszuwerten. Bei dem zweiten Integral ist von 0 an zu integrieren, die Auswertung ist auf elementare Weise möglich.

c) Auf $e^{j\omega_0 t}$ reagiert das System mit $G(j\omega_0)e^{j\omega_0 t}$, auf $e^{2j\omega_0 t}$ mit $G(2j\omega_0)e^{2j\omega_0 t}$. Daher wird

$$y(t) = G(j\omega_0)e^{j\omega_0 t} + G(2j\omega_0)e^{2j\omega_0 t}.$$

Aufgabe 2.1.5   E

Das Bild zeigt die Sprungantwort $h(t)$ eines Systems.

a) Berechnen und skizzieren Sie die Impulsantwort $g(t)$.
b) Begründen Sie, daß es sich hier um ein kausales und stabiles System handelt.
c) Berechnen Sie die Übertragungsfunktion $G(j\omega)$ und die Systemreaktion auf das Eingangssignal $x(t) = e^{j\omega_0 t}$.

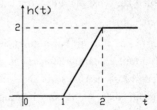

d) Ermitteln und skizzieren Sie die Systemreaktion auf das rechts dargestellte Eingangssignal $x(t)$.

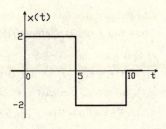

Hinweis:

Systeme mit (abschnittsweise) linearem oder konstantem Verlauf der Sprung- oder Impulsantwort können durch Netzwerke (mit endlich vielen konzentrierten Bauelementen) nur approximativ realisiert werden.

Lösung

a) $h(t)$ kann abschnittsweise differenziert werden, man erhält die rechts skizzierte Impulsantwort $g(t) = h'(t)$.

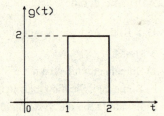

Warnung:

Einige Leser werden das vorliegende Problem vielleicht so angehen, daß sie zunächst einen geschlossenen Ausdruck für $h(t)$ aufzustellen versuchen, der dann auf "formale" Weise differenziert werden kann. Von einem solchen Weg ist dringend abzuraten, er liefert mit einem relativ großem Aufwand eine Lösung, die viel einfacher (siehe oben) gefunden werden kann.

b) Kausal, weil $g(t) = 0$ für $t < 0$ ist (Gl. 2.16), stabil, weil (nach Gl. 2.15)

$$\int_{-\infty}^{\infty} |g(t)|\, dt = \int_{1}^{2} 2\, dt = 2 < \infty.$$

c) Nach Gl. 2.20 wird

$$G(j\omega) = \int_{-\infty}^{\infty} g(t) e^{-j\omega t} dt = \int_{1}^{2} 2 e^{-j\omega t} dt = -\frac{2}{j\omega} e^{-j\omega t} \Big|_{1}^{2} = \frac{2}{j\omega}(e^{-j\omega} - e^{-2j\omega}).$$

Auf $x(t) = e^{j\omega_0 t}$ reagiert das System mit (siehe Gl. 2.18)

$$y(t) = G(j\omega_0)e^{j\omega_0 t} = \frac{2}{j\omega_0}\left(e^{j\omega_0(t-1)} - e^{-j\omega_0(t-2)}\right).$$

d) Das Eingangssignal kann durch die Beziehung $x(t) = 2s(t) - 4s(t-5) + 2s(t-10)$ beschrieben werden. Auf $s(t)$ reagiert das System mit $h(t)$ und wegen der Linearität und Zeitinvarianz wird $y(t) = 2h(t) - 4h(t-5) + 2h(t-10)$. Den Verlauf von $y(t)$ erhält man, wenn man zunächst die drei Summanden skizziert und dann die entsprechende Summe bildet.

Hinweis:

$h(t)$ liegt hier in Form einer Skizze vor, aus der der Verlauf eindeutig hervorgeht. Auf die Angabe eines geschlossenen Ausdruckes sollte verzichtet werden, wenn dies nicht zur Lösung weiterer Probleme erforderlich ist.

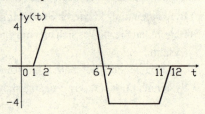

Aufgabe 2.1.6

Das Bild zeigt die Sprungantwort $h(t)$ eines Systems.

a) Berechnen und skizzieren Sie die Impulsantwort $g(t)$.

b) Berechnen Sie die Übertragungsfunktion $G(j\omega)$.

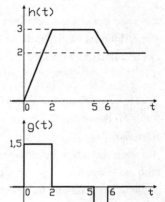

Lösung

a) Durch abschnittsweises Differenzieren der (stetigen) Funktion $h(t)$ erhält man die rechts skizzierte Impulsantwort.

b)
$$G(j\omega) = \int_{-\infty}^{\infty} g(t)e^{-j\omega t}dt = \int_{0}^{2} 1,5e^{-j\omega t}dt - \int_{5}^{6} e^{-j\omega t}dt =$$

$$= \frac{3}{2j\omega}(1 - e^{-2j\omega}) - \frac{1}{j\omega}(e^{-5j\omega} - e^{-6j\omega}).$$

Aufgabe 2.1.7   E

Das Bild zeigt die Sprungantwort $h(t)$ eines Systems.

a) Berechnen und skizzieren Sie die Impulsantwort $g(t)$.

b) Berechnen Sie die Übertragungsfunktion $G(j\omega)$.

c) Ermitteln Sie die Systemreaktion auf das Eingangssignal $x(t) = 1$.

Lösung

a) Die unstetige Funktion $h(t)$ wird in einen stetigen Anteil $h_1(t)$ und einen Anteil $h_2(t) = 2s(t)$ zerlegt. Offensichtlich gilt $h(t) = h_1(t) + h_2(t)$. $h_1(t)$ kann abschnittsweise differenziert werden, die Ableitung von $h_2(t) = 2s(t)$ lautet $2\delta(t)$. Damit erhalten wir die unten rechts skizzierte Impulsantwort, die formal durch die Beziehung $g(t) = 2\delta(t) + s(t) - s(t-2)$ ausgedrückt werden kann.

Hinweis:

Der Leser kann sich leicht klarmachen, daß jede Funktion, die Unstetigkeiten in Form von Sprüngen aufweist, immer in einen stetigen Anteil aufgeteilt werden kann und einen weiteren, der nur (gewichtete und ggf. zeitverschobene) Sprungfunktionen enthält.

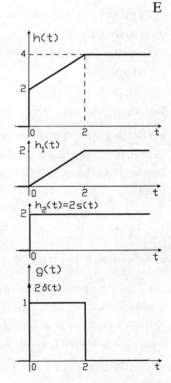

b)

$$G(j\omega) = \int_{-\infty}^{\infty} g(t)e^{-j\omega t}dt = \int_{-\infty}^{\infty} 2\delta(t)e^{-j\omega t}dt + \int_{0}^{2} e^{-j\omega t}dt = 2 + \frac{1}{j\omega}(1 - e^{-2j\omega}).$$

Das erste Integral mit dem Dirac-Impuls kann mit der Ausblendeigenschaft gelöst werden, das zweite Integral ist elementar auswertbar.

c) Das Signal $x(t) = 1$ ist der Sonderfall des Signales $e^{j\omega t}$ mit $\omega = 0$. Daher gilt (Gl. 2.18)

$$y(t) = \{G(j\omega)e^{j\omega t}\}_{\omega=0} = G(0) = 4.$$

Bei der Berechnung des Wertes $G(0)$ muß beachtet werden, daß der zweite Summand von $G(j\omega)$ für $\omega = 0$ die Form "0/0" annimmt (Anwendung der Regel von l'Hospital).

Hinweise:

Auf noch einfachere Art erhalten wir $y(t) = h(\infty) = 4$, die Systemreaktion auf einen Sprung $s(t)$ muß im eingeschwungenen Zustand mit der Reaktion auf das Signal 1 übereinstimmen. Schließlich entspricht die Reaktion auf das Signal 1 auch der Fläche unter der Impulsantwort.

Aufgabe 2.1.8

Das Bild zeigt die Sprungantwort $h(t)$ eines Systems.

a) Berechnen und skizzieren Sie die Impulsantwort $g(t)$.

b) Berechnen Sie die Übertragungsfunktion $G(j\omega)$.

c) Ermitteln Sie die Systemreaktion auf das Eingangssignal $x(t) = 3\delta(t-2)$.

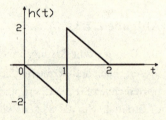

Lösung

a) Die Funktion $h(t)$ kann wie bei der Aufgabe 2.1.7 in einen stetigen Anteil und einen Anteil $4s(t-1)$ zerlegt werden. Wir erhalten dann die rechts skizzierte Impulsantwort, die in der Form

$$g(t) = -2s(t) + 2s(t-2) + 4\delta(t-1)$$

geschlossen dargestellt werden kann.

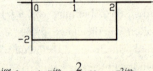

b)

$$G(j\omega) = \int_{-\infty}^{\infty} g(t)e^{-j\omega t}dt = \int_{-\infty}^{\infty} 4\delta(t-1)e^{-j\omega t}dt - \int_{0}^{2} 2e^{-j\omega t}dt = 4e^{-j\omega} - \frac{2}{j\omega}(1 - e^{-2j\omega}).$$

Zur Auswertung des Integrales mit dem Dirac-Impuls kann die Regel $f(t)\delta(t-t_0) = f(t_0)\delta(t-t_0)$ angewandt werden. Dies führt hier zu $4\delta(t-1)e^{-j\omega t} = 4\delta(t-1)e^{-j\omega}$, die Fläche unter diesem Ausdruck ergibt dann den Wert $4e^{-j\omega}$. Die Auswertung kann aber auch unmittelbar mit der Ausblendeigenschaft (Gl. 2.6) erfolgen. Das zweite Integral ist elementar auswertbar.

c) Das System reagiert auf $\delta(t)$ mit seiner Impulsantwort $g(t)$. Wegen der Linearität und Zeitinvarianz lautet daher die Reaktion auf das hier vorliegende Eingangssignal $y(t) = 3g(t-2)$.

Aufgabengruppe 2.2

Bei den Aufgaben dieser Gruppe werden die Systeme durch ihre Impulsantwort beschrieben. Zu ermitteln ist jeweils die Sprungantwort mit der Beziehung (Gl. 2.14)

$$h(t) = \int_{-\infty}^{t} g(\tau)d\tau.$$

Aufgabe 2.2.1   E

Das Bild zeigt eine RC-Schaltung mit dem Eingangssignal $x(t) = \delta(t)$ und der Reaktion (Impulsantwort) $y(t) = g(t)$. Die Sprungantwort, also die Systemreaktion auf $x(t) = s(t)$, soll ermittelt werden.

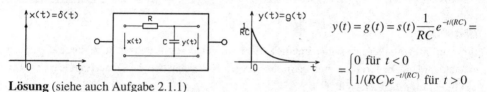

$$y(t) = g(t) = s(t)\frac{1}{RC}e^{-t/(RC)} =$$

$$= \begin{cases} 0 \text{ für } t < 0 \\ 1/(RC)e^{-t/(RC)} \text{ für } t > 0 \end{cases}$$

Lösung (siehe auch Aufgabe 2.1.1)

Nach der oben angegebenen Beziehung für $h(t)$ entspricht der Wert der Sprungantwort an einem bestimmten Zeitpunkt t der Fläche unter der Funktion $g(\tau)$ zwischen $\tau = -\infty$ und $\tau = t$.

Da $g(\tau) = 0$ für $\tau < 0$ ist, erhält man für negative Zeiten $h(t) = 0$. Dies muß auch so sein, denn es liegt ein kausales System und ein Eingangssignal mit der Eigenschaft $x(t) = 0$ für $t < 0$ vor. Im Falle $t > 0$ ist die Fläche zwischen $\tau = 0$ und $\tau = t$ (siehe Bild) zu berechnen, es wird

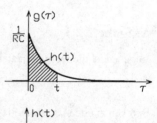

$$h(t) = \int_{0}^{t} \frac{1}{RC}e^{-\tau/(RC)}d\tau = -e^{-\tau/(RC)}\Big|_{0}^{t} = 1 - e^{-t/(RC)}.$$

Der Wert von $h(t)$ entspricht der schraffierten Fläche unter $g(\tau)$ zwischen $\tau = -\infty$ (hier $\tau = 0$) und $\tau = t$.

Zusammenfassung der Teilergebnisse für $t < 0$ und $t > 0$:

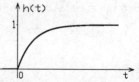

$$h(t) = \begin{cases} 0 \text{ für } t < 0 \\ 1 - e^{-t/(RC)} \text{ für } t > 0 \end{cases} = s(t)(1 - e^{-t/(RC)}).$$

Hinweis:

Die Sprungfunktion $s(t)$ kommt hier in zwei völlig unterschiedlichen Bedeutungen vor. Zum einen ist $s(t)$ ein Eingangssignal (die Eingangsspannung der RC-Schaltung), die zur Sprungantwort $h(t)$ am Systemausgang führt. Zum anderen hat $s(t)$ die Aufgabe die Funktion $h(t)$ geschlossen darzustellen.

Aufgabe 2.2.2

Gegeben ist die rechts skizzierte Impulsantwort

$$g(t) = 0,5\delta(t) + s(t)e^{-2t}.$$

Berechnen und skizzieren Sie die Sprungantwort des Systems.

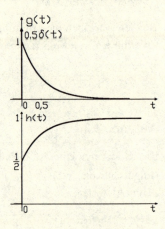

Lösung (siehe auch Aufgabe 2.1.2)

Für $t < 0$ wird $h(t) = 0$ (Fläche unter $g(\tau)$ zwischen $\tau = -\infty$ und $\tau = t$). Für $t > 0$ (genauer für $t > 0 -$) wird

$$h(t) = \int_{-\infty}^{t} g(\tau)d\tau = \int_{-\infty}^{\infty} 0,5\delta(\tau)d\tau + \int_{0}^{t} e^{-2\tau}d\tau =$$

$$= 0,5 - 0,5e^{-2\tau}|_{0}^{t} = 1 - 0,5e^{-2t}.$$

Hinweis:

Bei dem Integral über den Dirac-Impuls können die Integrationsgrenzen auch durch $0-$ und t ersetzt werden. Die Grenzen müssen nur so festgelegt werden, daß der Dirac-Impuls innerhalb des Integrationsbereiches liegt.

Zusammenfassung der Ergebnisse der Bereiche $t < 0$ und $t > 0$:

$$h(t) = s(t)(1 - 0,5e^{-2t}).$$

Aufgabe 2.2.3

Gegeben ist die rechts skizzierte Impulsantwort

$$g(t) = s(t)\, t\, e^{-t}.$$

Berechnen und skizzieren Sie die Sprungantwort.

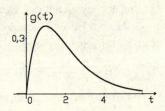

Lösung

Für $t < 0$ wird $h(t) = 0$, für $t > 0$ erhält man

$$h(t) = \int_{-\infty}^{t} g(\tau)d\tau = \int_{0}^{t} \tau e^{-\tau}d\tau = -e^{-\tau}(\tau+1)|_{0}^{t} = 1 - e^{-t}(t+1).$$

Zusammenfassung der Teilergebnisse:

$$h(t) = s(t)(1 - e^{-t} - te^{-t}).$$

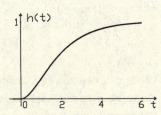

Aufgabe 2.2.4

Gegeben ist die rechts skizzierte Impulsantwort $g(t)$.

Berechnen und skizzieren Sie die Sprungantwort $h(t)$.

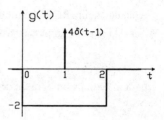

Lösung (siehe auch Aufgabe 2.1.8)

Für $t < 0$ wird $h(t) = 0$.

Für $0 < t < 1$ erhält man

$$h(t) = \int_{-\infty}^{t} g(\tau)d\tau = \int_{0}^{t} (-2)d\tau = -2t.$$

Für $1 < t < 2$ erhält man

$$h(t) = \int_{-\infty}^{t} g(\tau)d\tau = \int_{0}^{t} (-2)d\tau + 4\int_{1-}^{1+} \delta(\tau-1)d\tau - 2t + 4 = -2(t-2).$$

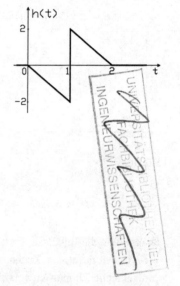

Für $t > 2$ entspricht die Sprungantwort der gesamten Fläche unter $g(\tau)$, d.h. $h(t) = 0$.

Zusammenfassung der Teilergebnisse:

$$h(t) = \begin{cases} 0 \text{ für } t < 0 \\ -2t \text{ für } 0 < t < 1 \\ -2(t-2) \text{ für } 1 < t < 2 \\ 0 \text{ für } t > 2 \end{cases}.$$

Aufgabengruppe 2.3

Bei den Aufgaben dieser Gruppe werden die Systeme durch ihre Impulsantwort beschrieben. Die Systemreaktionen sind mit dem Faltungsintegral

$$y(t) = \int_{-\infty}^{\infty} x(\tau)g(t-\tau)d\tau \quad \text{oder} \quad y(t) = \int_{-\infty}^{\infty} x(t-\tau)g(\tau)d\tau$$

zu berechnen. Zur Festlegung der jeweils aktuellen Integrationsgrenzen sollen $x(\tau)$ und $g(t-\tau)$ bzw. $x(t-\tau)$ und $g(\tau)$ skizziert werden. Dabei sei daran erinnert (Lehrbuchabschnitt 2.3.3), daß man den Verlauf von $g(t-\tau)$ in Abhängigkeit von τ (und t als Parameter) folgendermaßen erhält:

Die Funktion $g(\tau)$ wird an der Ordinate gespiegelt (umgeklappt) und dann auf der τ-Achse an den (zuvor festgelegten) Wert t verschoben. Bei Verwendung des Faltungsintegrales in der rechten Form erhält man $x(t-\tau)$ auf entsprechende Weise durch Spiegelung an der Ordinate und Verschiebung um t.

Aufgabe 2.3.1   E

Gegeben ist eine RC-Schaltung (siehe Aufgabe 2.2.1) mit der rechts skizzierten Impulsantwort

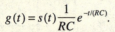

$$g(t) = s(t)\frac{1}{RC}e^{-t/(RC)}.$$

Mit dem Faltungsintegral in der Form

$$y(t) = \int_{-\infty}^{\infty} x(\tau)g(t-\tau)d\tau$$

sollen die Systemreaktionen auf die Signale $x_1(t)$, $x_2(t)$ und $x_3(t)$ berechnet werden.

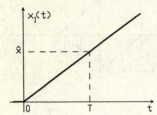 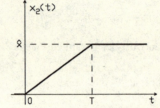 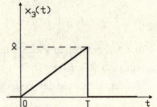

Lösung

a)
$$x_1(t) = s(t)\frac{\hat{x}}{T}t = \begin{cases} 0 & \text{für } t < 0 \\ \dfrac{\hat{x}}{T}t & \text{für } t > 0 \end{cases}.$$

Klappt man die Impulsantwort (siehe Bild ganz oben) an der Ordinate um, so erhält man für $g(t-\tau)$ bei negativen Zeiten t das Bild unten links. Für positive Werte von t wird die "umgeklappte" Impulsantwort nach rechts an die Stelle t verschoben (rechter Bildteil). In beiden Bildern ist außerdem $x_1(\tau)$ eingezeichnet.

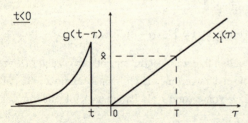 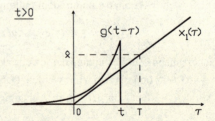

Nach dem Faltungsintegral ist $y_1(t)$ die Fläche unter dem Produkt $x_1(\tau)g(t-\tau)$. Für $t < 0$ gilt $x_1(\tau)g(t-\tau) = 0$ (Bild links) und damit ist auch $y_1(t) = 0$ für $t < 0$. Auf dieses Ergebnis kommt man natürlich auch, wenn man beachtet, daß ein kausales System vorliegt und das Eingangssignal erst bei 0 "beginnt".

Bei $t > 0$ (Bild rechts) verschwindet das Produkt $x_1(\tau)g(t-\tau)$ im Bereich $\tau < 0$ und $\tau > t$, wir erhalten daher

$$y_1(t) = \int_{-\infty}^{\infty} x_1(\tau)g(t-\tau)d\tau = \int_0^t \frac{\hat{x}}{T}\tau\frac{1}{RC}e^{-(t-\tau)/(RC)}d\tau = \frac{\hat{x}}{T}\frac{1}{RC}e^{-t/(RC)}\int_0^t \tau e^{\tau/(RC)}d\tau =$$

$$= \frac{\hat{x}}{T}\frac{1}{RC}e^{-t/(RC)}R^2C^2e^{\tau/(RC)}\left(\frac{\tau}{RC}-1\right)\Bigg|_0^t = \hat{x}\frac{RC}{T}e^{-t/(RC)}\left[e^{t/(RC)}\left(\frac{1}{RC}t-1\right)+1\right] =$$

$$= \hat{x}\left(\frac{t}{T}-\frac{RC}{T}\right)+\hat{x}\frac{RC}{T}e^{-t/(RC)}.$$

Zusammenfassung der Ergebnisse für $t < 0$ und $t > 0$:

$$y_1(t) = \begin{cases} 0 \text{ für } t < 0 \\ \hat{x}\left(\dfrac{t}{T}-\dfrac{RC}{T}\right)+\hat{x}\dfrac{RC}{T}e^{-t/(RC)} \text{ für } t > 0 \end{cases} = s(t)\left[\hat{x}\left(\frac{t}{T}-\frac{RC}{T}\right)+\hat{x}\frac{RC}{T}e^{-t/(RC)}\right].$$

$y_1(t)$ ist rechts (für $T = 3RC$) dargestellt. Man findet den Verlauf (im Bereich $t > 0$) am besten dadurch, indem die beiden Summanden $\hat{x}(t/T - RC/T)$ und $\hat{x}RCe^{-t/(RC)}/T$ getrennt aufgetragen und dann addiert werden. Für große Werte von t steigt $y_1(t)$ ebenso wie $x_1(t)$ linear an.

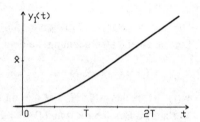

Hinweise:

1. Die Berechnung kann selbstverständlich auch mit der anderen Form des Faltungsintegrales erfolgen. In diesem Fall wäre das Eingangssignal $x_1(\tau)$ "umzuklappen" und zum Wert t zu verschieben. Für $t > 0$ würde man dann folgendes Integral erhalten

$$y(t) = \int_0^t x_1(t-\tau)g(\tau)d\tau = \int_0^t \frac{\hat{x}}{T}(t-\tau)e^{-\tau/(RC)}d\tau.$$

2. Eine Kontrolle des hier ermittelten Ergebnisses kann folgendermaßen erfolgen. Die Ableitung des Eingangssignales lautet $\tilde{x}_1(t) = dx_1(t)/dt = s(t)\hat{x}/T$. Auf das abgeleitete Eingangssignal $\tilde{x}_1(t)$ muß das System mit dem abgeleiteten Ausgangssignal $\tilde{y}_1(t) = dy_1(t)/dt$ reagieren. Aus dem oben angegebenen Ergebnis erhalten wir $\tilde{y}_1(t) = s(t)(1 - e^{-t/(RC)})\hat{x}/T$. Das Eingangssignal ist die mit dem Faktor $\hat{x}/T$ multiplizierte Sprungfunktion $s(t)$, also muß $\tilde{y}_1(t)$ die mit dem gleichen Faktor multiplizierte Sprungantwort $h(t)$ sein. Ein Vergleich mit dem Ergebnis der Aufgabe 2.2.1 zeigt, daß dies hier zutrifft. Die bei dieser Überlegung zugrunde liegende Aussage, daß ein (lineares zeitinvariantes) System auf das abgeleitete Eingangssignal auch mit der abgeleiteten System-reaktion reagiert, kann ganz leicht nachgewiesen werden, wenn man $y(t)$ nach dem Faltungsintegral (in der Form mit $x(t-\tau)$) auf beiden Seiten ableitet.

b)
$$x_2(t) = \begin{cases} 0 \text{ für } t < 0 \\ \dfrac{\hat{x}}{T}t \text{ für } 0 < t < T \quad \text{(siehe Bild oben)} . \\ \hat{x} \text{ für } t > T \end{cases}$$

Für die Bereiche $t < 0$ und $0 < t < T$ erhalten wir die gleichen Ergebnisse wie im Fall a. In den Bildern ist lediglich $x_1(\tau)$ durch $x_2(\tau)$ zu ersetzen.

Für $t > T$ erhalten wir für $x_2(\tau)$ und $g(t-\tau)$ die rechts skizzierte Anordnung. Zu integrieren ist von $\tau = 0$ bis $\tau = t$. Dabei ist im Bereich von 0 bis T $x_2(\tau) = \tau\hat{x}/T$ und im Bereich von T bis t $x_2(\tau) = \hat{x}$ einzusetzen. Man erhält

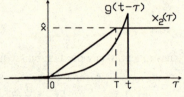

$$y_2(t) = \int_0^t x_2(\tau)g(t-\tau)d\tau = \int_0^T \frac{\hat{x}}{T}\tau\frac{1}{RC}e^{-(t-\tau)/(RC)}d\tau + \int_T^t \hat{x}\frac{1}{RC}e^{-(t-\tau)/(RC)}d\tau.$$

Die Auswertung der Integrale führt schließlich (nach elementarer Rechnung) zu dem Ergebnis

$$y_2(t) = \hat{x} - \hat{x}\frac{RC}{T}(1-e^{-T/(RC)})e^{-(t-T)/(RC)}.$$

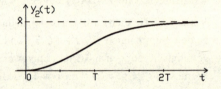

$y_2(t)$ ist rechts (für $T = 3RC$) dargestellt, der Verlauf im Bereich $t < 0$ und $0 < t < T$ stimmt mit dem im Fall a überein.

Zusammenfassung der Teilergebnisse:

$$y_2(t) = \begin{cases} 0 \text{ für } t < 0 \\ \hat{x}\left(\dfrac{t}{T} - \dfrac{RC}{T}\right) + \hat{x}\dfrac{RC}{T}e^{-t/(RC)} \text{ für } 0 < t < T \\ \hat{x} - \hat{x}\dfrac{RC}{T}(1-e^{-T/(RC)})e^{-(t-T)/(RC)} \text{ für } t > T \end{cases}.$$

c)
$$x_3(t) = \begin{cases} 0 \text{ für } t < 0 \\ \dfrac{\hat{x}}{T}t \text{ für } 0 < t < T \quad \text{(siehe Bild oben)} . \\ 0 \text{ für } t > T \end{cases}$$

Für die Bereiche $t < 0$ und $0 < t < T$ gelten die gleichen Ergebnisse wie im Fall a. In den Bildern ist lediglich $x_1(\tau)$ durch $x_3(\tau)$ zu ersetzen.

Für $t > T$ erhalten wir die Darstellung rechts im Bild. Zu integrieren ist von $\tau = 0$ bis $\tau = T$. Man erhält (nach elementarer Auswertung):

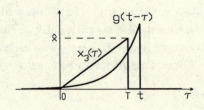

$$y_3(t) = \int_0^T x_3(\tau)g(t-\tau)d\tau = \int_0^T \frac{\hat{x}}{T}\tau\frac{1}{RC}e^{-(t-\tau)/(RC)}d\tau = \hat{x}\frac{RC}{T}e^{-(t-T)/(RC)}\left(\frac{T}{RC}-1+e^{-T/(RC)}\right).$$

$y_3(t)$ ist rechts (mit $T = 3RC$) skizziert. Für $t < T$

ergibt sich der gleiche Verlauf wie bei a und b.

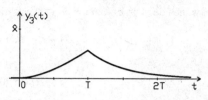

Zusammenstellung der Teilergebnisse:

$$y_3(t) = \begin{cases} 0 \text{ für } t < 0 \\ \hat{x}\left(\dfrac{t}{T}-\dfrac{RC}{T}\right)+\hat{x}\dfrac{RC}{T}e^{-t/(RC)} \text{ für } 0 < t < T \\ \hat{x}\dfrac{RC}{T}e^{-(t-T)/(RC)}\left(\dfrac{T}{RC}-1+e^{-T/(RC)}\right) \text{ für } t > T \end{cases}.$$

√ Aufgabe 2.3.2

Das Bild zeigt die Impulsantwort eines Systems
$$g(t) = 0,5\delta(t)+s(t)e^{-2t}.$$
Mit dem Faltungsintegral in der Form

$$y(t) = \int_{-\infty}^{\infty} x(t-\tau)g(\tau)d\tau$$

soll die Systemreaktion auf das Eingangssignal

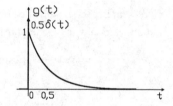

$$x(t) = \begin{cases} 0 \text{ für } t < 0 \\ \hat{x}\sin(\omega t) \text{ für } t > 0 \end{cases} = s(t)\hat{x}\sin(\omega t)$$

berechnet werden.

Lösung

Den Verlauf von $x(t-\tau)$ erhält man durch "umklappen" von $x(\tau) = s(\tau)\hat{x}\sin(\omega\tau)$ und Verschiebung zu dem Wert t. Links im Bild sind die Verhältnisse für negative t-Werte, rechts für positive Werte von t dargestellt.

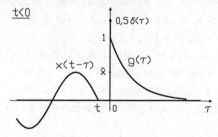
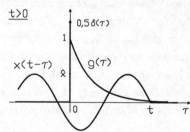

Bei negativen Werten von t ist $x(t-\tau)g(\tau) = 0$ und damit auch $y(t) = 0$.

Bei positiven t-Werten ist von $\tau = 0-$ bis zu $\tau = t$ zu integrieren. Die untere Grenze "0-" ist wegen des Dirac-Anteiles in $g(\tau)$ erforderlich. Wir erhalten

$$y(t) = \int_{0-}^{t} x(t-\tau)g(\tau)d\tau = \int_{0-}^{t} \hat{x}\sin[\omega(t-\tau)](0,5\delta(\tau) + e^{-2\tau})d\tau =$$

$$= \int_{0-}^{t} \hat{x}\sin[\omega(t-\tau)]0,5\delta(\tau)d\tau + \int_{0}^{t} \hat{x}\sin[\omega(t-\tau)]e^{-2\tau}d\tau.$$

Bei dem 1. Integral (2. Zeile) können die Integrationsgrenzen auch durch $-\infty$ und ∞ ersetzt werden. Die Lösung erfolgt mit der Ausblendeigenschaft (Gl. 2.6) und lautet $0,5\hat{x}\sin(\omega t)$. Bei dem 2. Integral substituieren wir $u = t - \tau$ und erhalten

$$\int_{0}^{t} \hat{x}\sin[\omega(t-\tau)]e^{-2\tau}d\tau = -\hat{x}\int_{t}^{0}\sin(\omega u)e^{-2(t-u)}du = \hat{x}e^{-2t}\int_{0}^{t}\sin(\omega u)e^{2u}du =$$

$$= \hat{x}e^{-2t}\frac{e^{2u}}{4+\omega^2}\{2\sin(\omega u) - \omega\cos(\omega u)\}\Big|_{0}^{t} = \frac{\hat{x}}{4+\omega^2}\{2\sin(\omega t) - \omega\cos(\omega t)\} + \frac{\hat{x}\omega}{4+\omega^2}e^{-2t}.$$

Zu diesem Ergebnis muß noch der Anteil $0,5\hat{x}\sin(\omega t)$ von dem Integral mit dem Dirac-Impuls addiert werden, wir erhalten für $t > 0$:

$$y(t) = \frac{\hat{x}}{4+\omega^2}\{2\sin(\omega t) - \omega\cos(\omega t)\} + \frac{\hat{x}\omega}{4+\omega^2}e^{-2t} + 0,5\hat{x}\sin(\omega t) =$$

$$= \frac{\hat{x}}{4+\omega^2}\{(4+0,5\omega^2)\sin(\omega t) - \omega\cos(\omega t)\} + \frac{\hat{x}\omega}{4+\omega^2}e^{-2t}.$$

Zusammenfassung der Teilergebnisse für $t < 0$ und $t > 0$:

$$y(t) = \begin{cases} 0 \text{ für } t < 0 \\ \dfrac{\hat{x}}{4+\omega^2}\{(4+0,5\omega^2)\sin(\omega t) - \omega\cos(\omega t)\} + \dfrac{\hat{x}\omega}{4+\omega^2}e^{-2t} \text{ für } t > 0 \end{cases}.$$

Hinweise:

1. Die ermittelte Lösung besteht (für $t > 0$) aus einem periodischen Anteil und einem 2. abklingenden Summanden, der das Einschwingverhalten beeinflußt. Wie man erkennt, ist der Maximalwert $\hat{x}\omega/(4+\omega^2)$ des abklingenden Summanden im vorliegenden Fall relativ klein gegenüber der Amplitude des 1. periodischen Anteiles. Dies hat zur Folge, daß das Einschwingverhalten des Systems auf das hier vorliegende Eingangssignal bei einer graphischen Darstellung von $y(t)$ relativ schlecht erkennbar ist und $y(t)$ auch bei kleinen Zeiten "optisch" wie eine Sinusschwingung aussieht. Daher wird hier auf eine Skizze für $y(t)$ verzichtet.

2. Der erste Summand $y_1(t)$ von $y(t)$ kann auch auf folgende Art ermittelt werden. Da $x(t) = \hat{x}\sin(\omega t) = \hat{x}\cdot\text{Im}\{e^{j\omega t}\}$ ist, wird $y_1(t) = \hat{x}\cdot\text{Im}\{G(j\omega)e^{j\omega t}\}$. Die Übertragungsfunktion des

gegebenen Systems lautet $G(j\omega) = 0,5 + 1/(2 + j\omega)$ (siehe Aufgabe 2.1.2). Dann erhält man nach einigen Zwischenschritten für den ersten Summanden von $y(t)$ den Ausdruck

$$y_1(t) = \frac{\sqrt{16 + 5\omega^2 + 0,25\omega^4}}{4 + \omega^2} \sin(\omega t - \varphi), \quad \tan\varphi = \frac{\omega}{4 + 0,5\omega^2}.$$

Selbstverständlich erhält man diesen Ausdruck auch durch geeignete Umformungen des 1. Summanden von $y(t)$ bei der oben dargestellten Form.

3. Zur Übung kann der Leser die vorliegende Aufgabe auch mit der anderen Form des Faltungsintegrales lösen. Dabei ist die Impulsantwort "umzuklappen" und zu verschieben. Hierbei entsteht bei $g(t - \tau)$ ein Summand $0,5\delta(t - \tau)$ und dies hat zur Folge, daß (bei $t > 0$) von $\tau = 0$ bis $\tau = t + 0$ zu integrieren ist.

Aufgabe 2.3.3

Das Bild zeigt die Impulsantwort eines Systems
$$g(t) = s(t)te^{-t}.$$
Mit dem Faltungsintegral in der Form

$$y(t) = \int_{-\infty}^{\infty} x(\tau)g(t-\tau)d\tau$$

soll die Systemreaktion auf das ebenfalls rechts skizzierte Eingangssignal

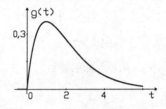

$$x(t) = e^{-|t|} = \begin{cases} e^t & \text{für } t < 0 \\ e^{-t} & \text{für } t > 0 \end{cases}$$

berechnet werden. $y(t)$ ist zu skizzieren.

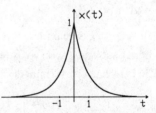

Lösung

Im Bild sind $x(\tau)$ und $g(t - \tau)$ für negative t-Werte (links) und positive Zeiten (rechts) skizziert.

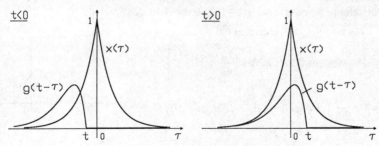

Im Falle $t < 0$ (linker Bildteil) ist von $\tau = -\infty$ bis zu $\tau = t$ zu integrieren, wobei $x(\tau) = e^\tau$ gilt. Man erhält dann

$$y(t) = \int_{-\infty}^{t} x(\tau)g(t-\tau)d\tau = \int_{-\infty}^{t} e^{\tau}(t-\tau)e^{-(t-\tau)}d\tau = te^{-t}\int_{-\infty}^{t} e^{2\tau}d\tau - e^{-t}\int_{-\infty}^{t}\tau e^{2\tau}d\tau =$$

$$= te^{-t}\{0,5e^{2\tau}\}_{-\infty}^{t} - e^{-t}\{0,25e^{2\tau}(2\tau-1)\}_{-\infty}^{t} = 0,5te^{t} - 0,25e^{t}(2t-1) = 0,25e^{t}.$$

Im Fall $t > 0$ ist im Bereich von $\tau = -\infty$ bis $\tau = 0$ $x(\tau) = e^{\tau}$ einzusetzen und im Bereich $\tau > 0$ $x(\tau) = e^{-\tau}$. Wir erhalten dann

$$y(t) = \int_{-\infty}^{0} e^{\tau}(t-\tau)e^{-(t-\tau)}d\tau + \int_{0}^{t} e^{-\tau}(t-\tau)e^{-(t-\tau)}d\tau = te^{-t}\int_{-\infty}^{0} e^{2\tau}d\tau - e^{-t}\int_{-\infty}^{0}\tau e^{2\tau}d\tau +$$

$$+ te^{-t}\int_{0}^{t} d\tau - e^{-t}\int_{0}^{t}\tau d\tau = te^{-t}\{0,5e^{2\tau}\}_{-\infty}^{0} - e^{-t}\{0,25e^{2\tau}(2\tau-1)\}_{-\infty}^{0} + te^{-t}\{\tau\}_{0}^{t} - e^{-t}\{0,5\tau^2\}_{0}^{t} =$$

$$= 0,5te^{-t} + 0,25e^{-t} + t^2e^{-t} - 0,5t^2e^{-t} = 0,25e^{-t} + 0,5te^{-t} + 0,5t^2e^{-t}.$$

Zusammenfassung der Teilergebnisse:

$$y(t) = \begin{cases} 0,25e^{t} & \text{für } t < 0 \\ 0,25e^{-t} + 0,5te^{-t} + 0,5t^2e^{-t} & \text{für } t > 0 \end{cases}.$$

$y(t)$ ist rechts skizziert.

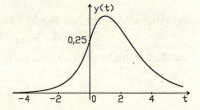

Aufgabe 2.3.4

Das Eingangssignal für ein System mit der rechts skizzierten Impulsantwort ist $x(t) = \cos^2(\omega_0 t)$.

Zu berechnen ist $y(t)$ mit dem Faltungsintegral in der Form

$$y(t) = \int_{-\infty}^{\infty} x(\tau)g(t-\tau)d\tau.$$

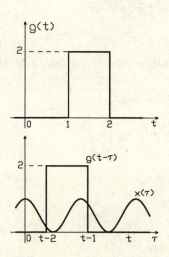

Lösung

Aus der Darstellung von $x(\tau)$ und $g(t-\tau)$ erkennt man, daß von $\tau = t-2$ bis $\tau = t-1$ zu integrieren ist:

$$y(t) = \int_{t-2}^{t-1} \cos^2(\omega_0\tau)\,2\,d\tau = \left[\tau + \frac{1}{2\omega_0}\sin(2\omega_0\tau)\right]_{t-2}^{t-1}$$

$$= 1 + \frac{1}{2\omega_0}\{\sin[2\omega_0(t-1)] - \sin[2\omega_0(t-2)]\}.$$

Hinweise:

1. Bei der Darstellung von $g(t-\tau)$ muß beachtet werden, daß $g(t)$ erst bei $t = 1$ "beginnt". Dies ist beim "Umklappen" von $g(\tau)$ natürlich zu berücksichtigen.

2. Mit $x(t) = \cos^2(\omega_0 t) = 0,5(1 + \cos(2\omega_0 t))$ folgt $y(t) = 0,5G(0) + 0,5 \cdot \text{Re}\{G(2j\omega_0)e^{2\omega_0 t}\}$.

$G(j\omega)$ wurde bei der Aufgabe 2.1.5 berechnet (Übung für den Leser).

3. Systeme mit abschnittsweise konstanten Impulsantworten können durch Schaltungen mit konzentrierten Bauelementen nur näherungsweise realisiert werden.

Aufgabe 2.3.5 E

Das Bild zeigt die Impulsantwort eines Systems und ein Eingangssignal. Zu berechnen ist die Systemreaktion mit dem Faltungsintegral in der Form

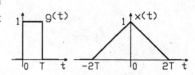

$$y(t) = \int_{-\infty}^{\infty} x(\tau) g(t - \tau) d\tau.$$

Lösung

Mit $x(t) = (2T + t)/(2T)$ für $-2T < t < 0$ bzw. $(2T - t)/(2T)$ für $0 < t < 2T$ erhält man die unter den Bildern angegebenen Teilergebnisse. $y(t)$ entspricht den jeweils schraffierten Flächen.

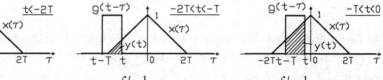

$$y(t) = 0$$

$$y(t) = \int_{-2T}^{t} \frac{1}{2T}(2T + \tau)d\tau =$$

$$= T + t + 0{,}25t^2/T$$

$$y(t) = \int_{t-T}^{t} \frac{1}{2T}(2T + \tau)d\tau =$$

$$= 0{,}75T + 0{,}5t$$

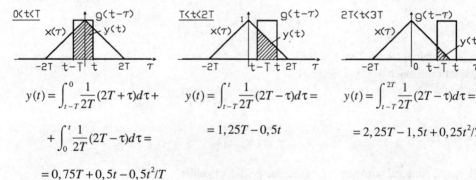

$$y(t) = \int_{t-T}^{0} \frac{1}{2T}(2T + \tau)d\tau +$$

$$+ \int_{0}^{t} \frac{1}{2T}(2T - \tau)d\tau =$$

$$= 0{,}75T + 0{,}5t - 0{,}5t^2/T$$

$$y(t) = \int_{t-T}^{t} \frac{1}{2T}(2T - \tau)d\tau =$$

$$= 1{,}25T - 0{,}5t$$

$$y(t) = \int_{t-T}^{2T} \frac{1}{2T}(2T - \tau)d\tau =$$

$$= 2{,}25T - 1{,}5t + 0{,}25t^2/T$$

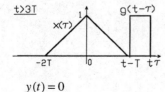

$$y(t) = 0$$

$y(t)$ ist rechts skizziert. Wir verzichten in diesem Fall auf eine Zusammenstellung der oben angegebenen Teilergebnisse.

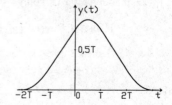

Aufgabe 2.3.6

Das Eingangssignal für ein System mit der rechts skizzierten
Impulsantwort ist

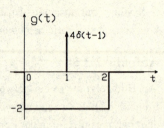

$$x(t) = s(t)e^{-kt}, k > 0.$$

Zu berechnen ist $y(t)$ mit dem Faltungsintegral in der Form

$$y(t) = \int_{-\infty}^{\infty} x(t-\tau)g(\tau)d\tau.$$

Lösung

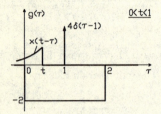 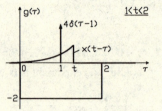 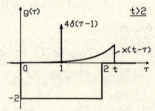

Die Bilder zeigen die Funktionen $g(\tau)$ und $x(t-\tau)$ für $0 < t < 1$ (links), $1 < t < 2$ (Mitte) und
$t > 2$ (rechts). Auf die Darstellung für $t < 0$ wurde verzichtet, wir erhalten für diesen Zeitbereich
$y(t) = 0$.
Aus dem linken Bild erkennt man, daß für $0 < t < 1$ von $\tau = 0$ bis $\tau = t$ zu integrieren ist:

$$y(t) = \int_0^t x(t-\tau)g(\tau)d\tau = \int_0^t e^{-k(t-\tau)}(-2)d\tau = -2e^{-kt}\int_0^t e^{k\tau}d\tau =$$

$$= -2e^{-kt}\frac{1}{k}e^{k\tau}\Big|_0^t = -\frac{2}{k}(1-e^{-kt}).$$

Im Zeitbereich $1 < t < 2$ ist ebenfalls von 0 bis t zu integrieren, allerdings liegt jetzt im
Integrationsbereich der Dirac-Impuls:

$$y(t) = \int_0^t x(t-\tau)g(\tau)d\tau = \int_0^t e^{-k(t-\tau)}(-2)d\tau + \int_0^t e^{-k(t-\tau)}4\delta(\tau-1)d\tau =$$

$$= -\frac{2}{k}(1-e^{-kt}) + 4e^{-k(t-1)}.$$

Das zweite Integral wird mit der Ausblendeigenschaft gelöst.
Im Zeitbereich $t > 2$ ist von $\tau = 0$ bis $\tau = 2$ zu integrieren:

$$y(t) = \int_0^2 x(t-\tau)g(\tau)d\tau = \int_0^2 e^{-k(t-\tau)}(-2)d\tau + \int_0^2 e^{-k(t-\tau)}4\delta(\tau-1)d\tau =$$

$$= -e^{-kt}\frac{2}{k}(e^{2k}-1) + 4e^{-k(t-1)}.$$

Zusammenstellung der oben ermittelten Teilergebnisse:

$$y(t) = \begin{cases} 0 \text{ für } t < 0 \\ -\dfrac{2}{k}(1 - e^{-kt}) \text{ für } 0 < t < 1 \\ -\dfrac{2}{k}(1 - e^{-kt}) + 4e^{-k(t-1)} \text{ für } 1 < t < 2 \\ -e^{-kt}\dfrac{2}{k}(e^{2k} - 1) + 4e^{-k(t-1)} \text{ für } t > 2 \end{cases}$$

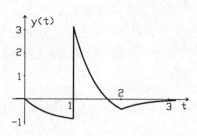

Hinweis:

Für $k \to 0$ erhält man für das Eingangssignal $x(t) = s(t)$. Dies bedeutet, daß $y(t)$ für $k \to 0$ in die Sprungantwort $h(t)$ des Systems übergehen muß. Mit den Näherungen $e^{\pm kt} \approx 1 \pm kt$ erhält man im Bereich $0 < t < 1$ die Lösung $y(t) = -2t$, im Bereich $1 < t < 2$ die Lösung $y(t) = -2t + 4$ und im Bereich $t > 2$ wird $y(t) = 0$. Dies ist tatsächlich die (bei der Aufgabe 2.1.8 skizzierte) Sprungantwort des Systems.

Aufgabengruppe 2.4

Bei den Aufgaben dieser Gruppe werden die Lösungen in kürzerer Form angegeben. Die Aufgaben beziehen sich auf den gesamten Stoff des 2. Lehrbuchabschnittes.

Aufgabe 2.4.1   K

Das Bild zeigt die Impulsantwort eines Systems.
a) Berechnen Sie die Sprungantwort $h(t)$.
b) Berechnen Sie die Übertragungsfunktion $G(j\omega)$.
c) Ermitteln Sie die Systemreaktion auf das Signal $x(t) = 1$.
d) Berechnen Sie die Systemreaktion auf $x(t) = s(t)\cos(\omega_0 t)$.

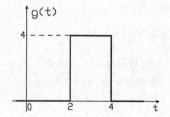

Lösung

a)
$$h(t) = \int_{-\infty}^{t} g(\tau)d\tau, \quad t < 2: h(t) = 0, \quad 2 < t < 4: h(t) = \int_{2}^{t} 4d\tau = 4(t-2), \quad t > 4: h(t) = 8.$$

Für $t > 4$ entspricht $h(t)$ der gesamten Fläche unter der Impulsantwort. Das Bild von $h(t)$ entspricht dem der Sprungantwort bei der Aufgabe 2.1.5 mit den hier berechneten Werten.

b)
$$G(j\omega) = \int_{-\infty}^{\infty} g(t)e^{-j\omega t}dt = \frac{4}{j\omega}(e^{-2j\omega} - e^{-4j\omega}).$$

c) $x(t) = 1 \Rightarrow y(t) = h(\infty) = 8$ oder auch $y(t) = G(0) = 8$ (siehe Erklärungen bei Aufgabe 2.1.7).

d)
$$y(t) = \int_{-\infty}^{\infty} x(\tau)g(t-\tau)d\tau.$$

$$t < 2: y(t) = 0, \quad 2 < t < 4: y(t) = \int_{0}^{t-2} \cos(\omega_0\tau)4d\tau = \frac{4}{\omega_0}\sin[\omega_0(t-2)],$$

$$t > 4: y(t) = \int_{t-4}^{t-2} \cos(\omega_0\tau)4d\tau = \frac{4}{\omega_0}\{\sin[\omega_0(t-2)] - \sin[\omega_0(t-4)]\}.$$

Aufgabe 2.4.2   K

Das Bild zeigt die Impulsantwort eines Systems.

a) Berechnen Sie die Sprungantwort $h(t)$.

b) Berechnen Sie die Übertragungsfunktion $G(j\omega)$.

c) Ermitteln Sie die Systemreaktion auf das Signal

  $x(t) = \cos(\omega t)$.

d) Berechnen Sie die Systemreaktion auf $x(t) = s(t)t$.

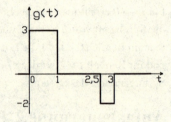

Lösung

a)

$$h(t) = \int_{-\infty}^{t} g(\tau)d\tau, \quad t < 0: h(t) = 0,$$

$$0 < t < 1: h(t) = \int_{0}^{t} 3d\tau = 3t, \quad 1 < t < 2,5: h(t) = \int_{0}^{1} 3d\tau = 3,$$

$$2,5 < t < 3: h(t) = \int_{0}^{1} 3d\tau - \int_{2,5}^{t} 2d\tau = 8 - 2t, \quad t > 3: h(t) = 2, \text{ gesamte Fläche unter } g(\tau).$$

Das Bild von $h(t)$ entspricht dem der Sprungantwort bei Aufgabe 2.1.6 mit den oben berechneten Werten.

b)

$$G(j\omega) = \int_{-\infty}^{\infty} g(t)e^{-j\omega t}dt = \int_{0}^{1} 3e^{-j\omega t}dt - \int_{2,5}^{3} 2e^{-j\omega t}dt = \frac{3}{j\omega}(1 - e^{-j\omega}) - \frac{2}{j\omega}(e^{-2,5j\omega} - e^{-3j\omega}).$$

c)

$$x(t) = \cos(\omega t) \Rightarrow y(t) = \text{Re}\{G(j\omega)e^{j\omega t}\} = \text{Re}\left\{\frac{3}{j\omega}(e^{j\omega t} - e^{j\omega(t-1)}) - \frac{2}{j\omega}(e^{j\omega(t-2,5)} - e^{j\omega(t-3)})\right\} =$$

$$= \frac{1}{\omega}\{3\sin(\omega t) - 3\sin[\omega(t-1)] - 2\sin[\omega(t-2,5)] + 2\sin[\omega(t-3)]\}.$$

d)

$$y(t) = \int_{-\infty}^{\infty} x(t-\tau)g(\tau)d\tau, \quad t < 0: y(t) = 0, \quad 0 < t < 1: y(t) = \int_0^t (t-\tau)3d\tau = 1{,}5t^2,$$

$$1 < t < 2{,}5: y(t) = \int_0^1 (t-\tau)3d\tau = 3t - 1{,}5,$$

$$2{,}5 < t < 3: y(t) = \int_0^1 (t-\tau)3d\tau - \int_{2{,}5}^t (t-\tau)2d\tau = -7{,}75 + 8t - t^2,$$

$$t > 3: y(t) = \int_0^1 (t-\tau)3d\tau - \int_{2{,}5}^3 (t-\tau)2d\tau = 1{,}25 + 2t.$$

Skizzieren Sie $y(t)$! Kontrolle des Rechenergebnisses: $y'(t) = h(t)$, weil $x'(t) = s(t)$.

Aufgabe 2.4.3 K

Das Bild zeigt die Impulsantwort eines Systems

$$g(t) = \begin{cases} 0 & \text{für } t < 0 \\ t & \text{für } 0 < t < 1 \\ t-2 & \text{für } 1 < t < 2 \\ 0 & \text{für } t > 2 \end{cases}$$

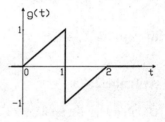

a) Berechnen Sie die Sprungantwort $h(t)$.

b) Ermitteln und skizzieren Sie die Systemreaktion auf einen Rechteckimpuls der Höhe 1 und Breite 2.

Lösung

a)
$$h(t) = \int_{-\infty}^t g(\tau)d\tau, \quad t < 0: h(t) = 0, \quad 0 < t < 1: h(t) = \int_0^t \tau d\tau = 0{,}5t^2,$$

$$1 < t < 2: h(t) = \int_0^1 \tau d\tau + \int_1^t (\tau - 2)d\tau = 2 - 2t + 0{,}5t^2,$$

$t > 2: h(t) = 0$, gesamte Fläche unter $g(\tau)$.

Skizzieren Sie $h(t)$, kontrollieren Sie das Ergebnis: $h'(t) = g(t)$!

b) Der Rechteckimpuls kann durch die Beziehung $x(t) = s(t) - s(t-2)$ beschrieben werden. Damit ist $y(t) = h(t) - h(t-2)$. Diese Systemreaktion ist rechts skizziert.

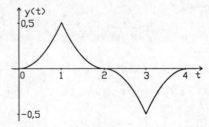

Aufgabe 2.4.4   K

Das Bild zeigt die Sprungantwort eines Systems
$$h(t) = s(t-1)(2 - e^{-2(t-1)}).$$

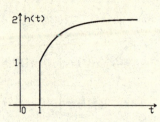

a) Berechnen Sie die Impulsantwort $g(t)$.

b) Ermitteln Sie die Systemreaktion auf $x(t) = 0,5\delta(t+1)$.

c) Berechnen Sie die Übertragungsfunktion $G(j\omega)$.

d) Ermitteln Sie die Systemreaktion auf $x(t) = e^{j\omega_0 t}$.

Lösung

a) $g(t) = h'(t) = \delta(t-1) + 2s(t-1)e^{-2(t-1)}$.

b) $x(t) = 0,5\delta(t+1) \Rightarrow y(t) = 0,5g(t+1) = 0,5\delta(t) + s(t)e^{-2t}$.

c) $G(j\omega) = \int_{-\infty}^{\infty} g(t)e^{-j\omega t}dt = \int_{-\infty}^{\infty}\delta(t-1)e^{-j\omega t}dt + 2\int_{1}^{\infty}e^{-2(t-1)}e^{-j\omega t}dt = e^{-j\omega} + \dfrac{2}{2+j\omega}e^{-j\omega}$.

d) $x(t) = e^{j\omega_0 t} \Rightarrow y(t) = G(j\omega_0)e^{j\omega_0 t} = \left(e^{-j\omega_0} + \dfrac{2}{2+j\omega_0}e^{-j\omega_0}\right)e^{j\omega_0 t} = \dfrac{4+j\omega_0}{2+j\omega_0}e^{j\omega_0(t-1)}$.

Aufgabe 2.4.5   K

Das Bild zeigt die Sprungantwort $h(t) = 2s(t)(1 - e^{-t} - te^{-t})$.

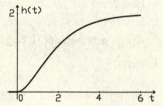

a) Berechnen Sie die Impulsantwort $g(t)$.

b) Berechnen Sie die Übertragungsfunktion $G(j\omega)$.

c) Ermitteln Sie die Systemreaktion auf $x(t) = 0,5$.

d) Berechnen Sie die Systemreaktion auf $x(t) = 0,5s(t)e^{-t}$.

Lösung

a) $g(t) = h'(t) = 2s(t)te^{-t}$ (Bild von $g(t)$ bis auf Faktor 0,5 wie bei Aufgabe 2.2.3).

b)
$$G(j\omega) = \int_{-\infty}^{\infty} g(t)e^{-j\omega t}dt = 2\int_{0}^{\infty} te^{-t(1+j\omega)}dt =$$

$$= 2t\frac{-1}{1+j\omega}e^{-t(1+j\omega)}\bigg|_{0}^{\infty} + 2\frac{1}{1+j\omega}\int_{0}^{\infty}e^{-t(1+j\omega)}dt = \frac{-2}{(1+j\omega)^2}e^{-t(1+j\omega)}\bigg|_{0}^{\infty} = \frac{2}{(1+j\omega)^2}$$

(partielle Integration: $u = t, dv = e^{-t(1+j\omega)}dt$).

c) $x(t) = 0,5 \Rightarrow y(t) = 0,5G(0) = 1$ oder $y(t) = 0,5h(\infty) = 1$.

d) $y(t) = \int_{-\infty}^{\infty} x(t-\tau)g(\tau)d\tau$, $t < 0: y(t) = 0$, $t > 0: y(t) = \int_{0}^{t} e^{-(t-\tau)}\tau e^{-\tau}d\tau = 0,5t^2 e^{-t}$.

3 Die Fourier-Transformation und Anwendungen

Die Beispiele dieses Abschnittes beziehen sich auf den 3. (bei den älteren Auflagen 2.) Abschnitt des Lehrbuches, sie sind in insgesamt drei Gruppen unterteilt. Die erste Aufgabengruppe 3.1 umfaßt sechs Beispiele zur Fourier-Reihenentwicklung und zur Berechnung von Fourier-Transformierten. Bei den Lösungen wird bisweilen auf die in der Korrespondenzentabelle (Anhang A.1) zusammengestellten Ergebnisse zurückgegriffen. Die Aufgabengruppe 3.2 mit ebenfalls sechs Aufgaben bezieht sich auf die Ermittlung von Systemreaktionen unter Verwendung der Beziehung $Y(j\omega) = X(j\omega)G(j\omega)$. Die Aufgabengruppe 3.3 umfaßt zehn Aufgaben über das gesamte Stoffgebiet. Die Lösungen sind hier in kürzerer Form und mit weniger Erklärungen angegeben.

Dem Leser wird empfohlen, die mit "E" gekennzeichneten Aufgaben zuerst zu bearbeiten. Es handelt sich hier um besonders charakteristische Aufgaben mit detaillierten Lösungen und oft auch noch zusätzlichen Hinweisen. Die Bezeichnung "K" bedeutet, daß die Lösungen nur in einer Kurzform angegeben sind. Die wichtigsten Gleichungen zur Lösung der Aufgaben sind im Abschnitt 1.3 zusammengestellt.

Aufgabengruppe 3.1

Die Aufgaben dieser Gruppe befassen sich mit der Darstellung periodischer Funktionen durch Fourier-Reihen und der Berechnung von Fourier-Transformierten (Spektren) einfacher Signale. Der Leser wird auch auf die grundlegenden Beispiele im Lehrbuch hingewiesen.

Aufgabe 3.1.1   E

Das rechts skizzierte periodische Signal hat im Bereich $0 < t < T$ die Form $f(t) = e^{-kt}$, $k > 0$.

a) $f(t)$ soll in Form einer Fourier-Reihe dargestellt werden.

b) Die Fourier-Transformierte $F(j\omega)$ von $f(t)$ ist zu ermitteln.

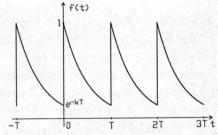

Lösung

a) Für die komplexen Fourier-Koeffizienten erhält man nach Gl. 3.2 bei einer (zulässigen) Änderung des Integrationsbereiches in 0 bis T

$$C_\nu = \frac{1}{T} \int_0^T f(t) e^{-j\nu\omega_0 t} dt = \frac{1}{T} \int_0^T e^{-kt} e^{-j\nu\omega_0 t} dt = \frac{1}{T} \int_0^T e^{-t(k+j\nu\omega_0)} dt =$$

$$-\frac{1}{T} \frac{-1}{k+j\nu\omega_0} e^{-t(k+j\nu\omega_0)} \Big|_0^T = \frac{1}{kT+j\nu 2\pi} \left(1 - e^{-T(k+j\nu\omega_0)}\right) = \frac{1}{kT+j\nu 2\pi} (1 - e^{-kT}), \quad (\omega_0 T = 2\pi!).$$

Fourier-Reihe in komplexer Form:

$$f(t) = \sum_{\nu=-\infty}^{\infty} C_\nu e^{j\nu\omega_0 t} = \sum_{\nu=-\infty}^{\infty} \frac{1}{kT+j\nu 2\pi} (1 - e^{-kT}) e^{j\nu\omega_0 t}, \quad \omega_0 = 2\pi/T, k > 0.$$

Durch die Zusammenfassung von jeweils zwei Reihengliedern mit Indizes unterschiedlichen Vorzeichens erhält man nach einigen elementaren Rechenschritten

$$C_{-\nu} e^{-j\nu\omega_0 t} + C_\nu e^{j\nu\omega_0 t} = (1 - e^{-kT}) \left\{ \frac{\cos(\nu\omega_0 t) - j\sin(\nu\omega_0 t)}{kT - j\nu 2\pi} + \frac{\cos(\nu\omega_0 t) + j\sin(\nu\omega_0 t)}{kT + j\nu 2\pi} \right\} =$$

$$= \frac{1 - e^{-kT}}{k^2 T^2 + \nu^2 4\pi^2} \{2kT \cos(\nu\omega_0 t) + \nu 4\pi \sin(\nu\omega_0 t)\} = a_\nu \cos(\nu\omega_0 t) + b_\nu \sin(\nu\omega_0 t).$$

Damit lautet die Fourier-Reihe in ihrer reellen Form (Gl. 3.1)

$$f(t) = \frac{a_0}{2} + \sum_{\nu=1}^{\infty} \{a_\nu \cos(\nu\omega_0 t) + b_\nu \sin(\nu\omega_0 t)\},$$

$$a_\nu = 2kT \frac{1 - e^{-kT}}{k^2 T^2 + \nu^2 4\pi^2}, \quad b_\nu = 4\pi\nu \frac{1 - e^{-kT}}{k^2 T^2 + \nu^2 4\pi^2}, \quad \nu = 0, 1, 2, \ldots$$

Das Bild zeigt nochmals $f(t)$ (im Fall $kT = 2$) und die Fourier-Approximation $\tilde{f}(t)$ mit 21 Reihengliedern in der reellen Form ($\nu = 0$ bis $\nu = 20$) bzw. mit 41 Reihengliedern bei der komplexen Form ($\nu = -20$ bis $\nu = 20$).

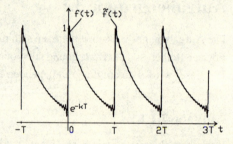

Hinweise:

Die Fourier-Koeffizienten C_ν nehmen hier bei großen Werten von ν mit $1/\nu$ ab. Man kann zeigen, daß dies bei allen (periodischen) Funktionen mit Unstetigkeiten in Form von Sprungstellen der Fall ist. Bei stetigen Funktionen nehmen die Fourier-Koeffizienten mit (mindestens) $1/\nu^2$ ab und dies bedeutet eine schnellere Konvergenz der Fourier-Reihen. Zusätzlich zu der schlechten Konvergenz tritt bei unstetigen Funktionen das sogenannte Gibbs'sche Phänomen auf. Darunter versteht man die "Überschwinger" der Fourier-Approximation an den Unstetigkeitsstellen (siehe $\tilde{f}(t)$ im obigen Bild). Diese "Überschwinger" haben eine Höhe von fast 9% und verringern sich auch nicht bei Approximationen mit mehr Reihengliedern.

b) Zur Ermittlung der Fourier-Transformierten von f(t) geht man am besten von der Korrespondenz $e^{j\omega_0 t}$ O— $2\pi\delta(\omega - \omega_0)$ aus. Diese Korrespondenz kann der Tabelle im Anhang A.1 entnommen werden, sie wird im Abschnitt 3.4.3 des Lehrbuches abgeleitet. Wegen der Linearität der Fourier-Transformation erhält man dann aus der komplexen Fourier-Reihe

$$F(j\omega) = \sum_{\nu=-\infty}^{\infty} C_\nu 2\pi\delta(\omega - \nu\omega_0) = \sum_{\nu=-\infty}^{\infty} \frac{1 - e^{-kT}}{kT + j\nu 2\pi} 2\pi\delta(\omega - \nu\omega_0).$$

Auf eine graphische Darstellung von $F(j\omega)$ wird verzichtet (siehe Lehrbuchabschnitt 3.4.3).

Aufgabe 3.1.2

Gegeben ist das rechts skizzierte Signal $f(t) = \sin^2(\omega_0 t)$.

a) $f(t)$ ist in Form einer Fourier-Reihe darzustellen.

b) Das Spektrum $F(j\omega)$ soll ermittelt und skizziert werden.

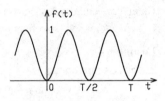

Lösung

a) Mit $\sin^2(x) = 0,5 - 0,5\cos(2x)$ erhält man unmittelbar die Fourier- Reihendarstellung

$$f(t) = 0,5 - 0,5\cos(2\omega_0 t).$$

Mit der Beziehung $\cos x = 0,5e^{jx} + 0,5e^{-jx}$ folgt daraus die Darstellung in komplexer Form

$$f(t) = 0,5 - 0,25e^{j2\omega_0 t} - 0,25e^{-j2\omega_0 t}.$$

b) Mit 1 O— $2\pi\delta(\omega)$, $e^{\pm j2\omega_0 t}$ O— $2\pi\delta(\omega \mp 2\omega_0)$ (siehe Anhang A.1) erhält man die Fourier-Transformierte

$$F(j\omega) = \pi\delta(\omega) - \frac{\pi}{2}\delta(\omega - 2\omega_0) - \frac{\pi}{2}\delta(\omega + 2\omega_0).$$

Wegen der Eigenschaft $f(t) = f(-t)$ ist $F(j\omega) = R(\omega)$ eine reelle und ebenfalls gerade Funktion. $R(\omega)$ ist rechts skizziert.

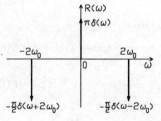

Aufgabe 3.1.3

Die Fourier-Transformierte des rechts skizzierten Signales

$$f(t) = s(t)\sin^2(\omega_0 t), \quad \omega_0 = 2\pi/T$$

ist zu ermitteln. Weiterhin sollen der Real- und Imaginärteil von $F(j\omega)$ angegeben werden.

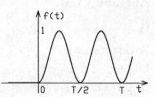

Lösung

Mit $\sin^2(x) = 0,5 - 0,5\cos(2x)$ findet man für $f(t)$ die Form $f(t) = 0,5s(t) - 0,5s(t)\cos(2\omega_0 t)$.

Mit den in der Tabelle im Anhang A.1 angegebenen Korrespondenzen für $s(t)$ und $s(t)\cos(\omega_0 t)$ erhält man die gesuchte Fourier-Transformierte

$$F(j\omega) = \frac{\pi}{2}\delta(\omega) + \frac{0,5}{j\omega} - \frac{\pi}{4}\delta(\omega - 2\omega_0) - \frac{\pi}{4}\delta(\omega + 2\omega_0) - \frac{0,5j\omega}{(2\omega_0)^2 - \omega^2}.$$

Aus dieser Beziehung erhält man den Real- und Imaginärteil

$$R(\omega) = \frac{\pi}{2}\delta(\omega) - \frac{\pi}{4}\delta(\omega - 2\omega_0) - \frac{\pi}{4}\delta(\omega + 2\omega_0), \quad X(\omega) = -\frac{0,5}{\omega} - \frac{0,5\omega}{(2\omega_0)^2 - \omega^2}.$$

Aufgabe 3.1.4   E

Unter Verwendung des Zeitverschiebungssatzes (Gl. 3.10) soll die Fourier-Transformierte von $f(t) = \cos(\omega_0 t - \varphi)$ berechnet werden.

Lösung

Zunächst schreibt man

$$f(t) = \cos(\omega_0 t - \varphi) = \cos[\omega_0(t - \varphi/\omega_0)] = \cos[\omega_0(t - t_0)] \quad \text{mit} \quad t_0 = \varphi/\omega_0.$$

Mit der Korrespondenz (siehe Tabelle im Anhang A.1) $\cos(\omega_0 t) \ O\!\!-\!\!-\!\!-\ \pi\delta(\omega - \omega_0) + \pi\delta(\omega + \omega_0)$ folgt dann mit dem Zeitverschiebungssatz

$$\cos[\omega_0(t - t_0)] \ O\!\!-\!\!-\!\!-\ \{\pi\delta(\omega - \omega_0) + \pi\delta(\omega + \omega_0)\}e^{-j\omega t_0}$$

und mit $t_0 = \varphi/\omega_0$

$$F(j\omega) = \{\pi\delta(\omega - \omega_0) + \pi\delta(\omega + \omega_0)\}e^{-j\varphi\omega/\omega_0}.$$

Dies ist allerdings noch nicht das Endergebnis. Wendet man nämlich die Beziehung $f(\omega)\delta(\omega \mp \omega_0) = f(\pm\omega_0)\delta(\omega \mp \omega_0)$ (siehe Gl. 2.5) bei den beiden Summanden von $F(j\omega)$ an, so erhält man

$$F(j\omega) = \pi\delta(\omega - \omega_0)e^{-j\varphi} + \pi\delta(\omega + \omega_0)e^{j\varphi}.$$

Für $\varphi = 0$ erhält man daraus das Spektrum von $\cos(\omega_0 t)$ und für $\varphi = \pi/2$ das von $\sin(\omega_0 t)$.

Aufgabe 3.1.5

Das Spektrum des rechts skizzierten Signales $f(t)$ soll berechnet werden.

Lösung

Durch unmittelbare Anwendung der Grundgleichung 3.3 wird

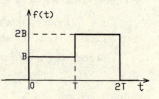

$$F(j\omega) = \int_{-\infty}^{\infty} f(t)e^{-j\omega t}dt = \int_0^T Be^{-j\omega t}dt + \int_T^{2T} 2Be^{-j\omega t}dt =$$

$$= \frac{-B}{j\omega}e^{-j\omega t}\Big|_0^T + \frac{-2B}{j\omega}e^{-j\omega t}\Big|_T^{2T} = \frac{B}{j\omega}(1-e^{-j\omega T}) + \frac{2B}{j\omega}(e^{-j\omega T}-e^{-j2\omega T}).$$

Mit der Beziehung $e^{-jx} = \cos x - j\sin x$ erhält man hieraus den Real- und Imaginärteil

$$R(\omega) = \frac{B}{\omega}\{2\sin(2\omega T) - \sin(\omega T)\}, \quad X(\omega) = \frac{B}{\omega}\{2\cos(2\omega T) - \cos(\omega T) - 1\}.$$

Hinweis auf einen anderen Lösungsweg:
$f(t)$ wird mit der Sprungfunktion geschlossen dargestellt: $f(t) = Bs(t) + Bs(t-T) - 2Bs(t-2T)$.
Mit der Korrespondenz $s(t) \;\circ\!\!-\!\!-\; \pi\delta(\omega) + 1/(j\omega)$ erhält man dann bei Anwendung des Zeitverschiebungssatzes die (oben angegebene) Fourier-Transformierte. Die bei dieser Lösungsmethode auftretenden Dirac-Impulse kürzen sich weg (Gl. 2.5).

⌣ Aufgabe 3.1.6

Gegeben ist die rechts im Bild skizzierte Funktion $f(t)$.

a) $F(j\omega)$ soll unter Verwendung einer im Anhang A.1 angegebenen Korrespondenz ermittelt werden. Der Betrag $|F(j\omega)|$ ist darzustellen.

b) $F(j\omega)$ soll ohne Verwendung der Korrespondenzentabelle berechnet werden.

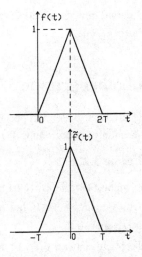

Lösung

a) Offensichtlich gilt $f(t) = \tilde{f}(t-T)$. Die Fourier-Transformierte von $\tilde{f}(t)$ kann aus der Tabelle im Anhang A.1 entnommen werden (vorletzte Korrespondenz):

$$\tilde{F}(j\omega) = \frac{4\sin^2(\omega T/2)}{T\omega^2}.$$

Da $f(t) = \tilde{f}(t-T)$ ist, erhält man nach dem Zeitverschiebungssatz (Gl. 3.10)

$$F(j\omega) = \tilde{F}(j\omega)e^{-j\omega T} = \frac{4\sin^2(\omega T/2)}{T\omega^2}e^{-j\omega T}.$$

Wegen $|e^{-j\omega T}| = 1$ wird

$$|F(j\omega)| = \frac{4\sin^2(\omega T/2)}{T\omega^2}.$$

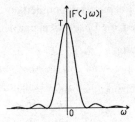

Diese Betragsfunktion $|F(j\omega)|$ ist rechts skizziert.

b) Die unmittelbare Berechnung der Fourier-Transformierten nach Gl. 3.3 ist bei dem vorliegenden Signal $f(t)$ recht umständlich. Es ist einfacher von $\tilde{f}(t)$ auszugehen und den Zeitverschiebungssatz anzuwenden. Da $\tilde{f}(t)$ eine gerade Funktion ist, gilt (Gln. 3.4, 3.6)

$$\tilde{F}(j\omega) = \tilde{R}(\omega) = \int_{-\infty}^{\infty} \tilde{f}(t)\cos(\omega t)dt = 2\int_{0}^{T} \tilde{f}(t)\cos(\omega t)dt.$$

Bei dem ganz rechten Integral wurde (nochmals) die Eigenschaft $\tilde{f}(t) = \tilde{f}(-t)$ ausgenutzt. Wir erhalten dann mit $\tilde{f}(t) = 1 - t/T$ für $0 < t < T$

$$\tilde{F}(j\omega) = 2\int_{0}^{T}\left(1 - \frac{t}{T}\right)\cos(\omega t)dt = 2\int_{0}^{T}\cos(\omega t)dt - \frac{2}{T}\int_{0}^{T} t\cos(\omega t)dt =$$

$$= \frac{2}{\omega}\sin(\omega t)\Big|_{0}^{T} - \frac{2}{T}\frac{\cos(\omega t)}{\omega^2}\Big|_{0}^{T} - \frac{2}{T}\frac{t\sin(\omega t)}{\omega}\Big|_{0}^{T} = \frac{2}{T\omega^2}[1 - \cos(\omega T)].$$

Mit $1 - \cos(\omega T) = 2\sin^2(\omega T/2)$ ergibt sich schließlich die Korrespondenz

$$\tilde{F}(j\omega) = \frac{4\sin^2(\omega T/2)}{T\omega^2}$$

und daraus mit dem Zeitverschiebungssatz (Gl. 3.10) die gesuchte Fourier-Transformierte $F(j\omega) = \tilde{F}(j\omega)e^{-j\omega T}$.

Aufgabengruppe 3.2

Die Aufgaben dieser Gruppe befassen sich mit der Ermittlung von Systemreaktionen unter Anwendung der Beziehung $Y(j\omega) = X(j\omega)G(j\omega)$.

Aufgabe 3.2.1   E

Die rechts skizzierte Schaltung hat die (wirklichen) Baue-
lementewerte $R_w = 1000\,\text{Ohm}$ und $C_w = 159,2\,\text{nF}$. Zu berechnen und
zu skizzieren sind

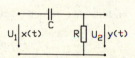

a) die Impulsantwort $g(t)$, b) die Sprungsantwort $h(t)$.

Die Rechnung ist normiert durchzuführen, der Bezugswiderstand soll den Wert $R_b = 1000\,\text{Ohm}$ haben, die Bezugsfrequenz den Wert $f_b = 1000\,\text{Hz}$.

Lösung

Entsprechend den im Abschnitt 1.1 angegebenen Beziehungen (Tabelle 1.1) erhalten wir mit $\omega_b = 2\pi f_b = 6283,2\,\text{s}^{-1}$ die normierten Bauelementewerte

$$R = R_n = \frac{R_w}{R_b} = \frac{1000}{1000} = 1, \quad C = C_n = R_b\omega_b C_w = 1000 \cdot 6283,2 \cdot 159,2\,10^{-9} = 1.$$

Die Schaltung hat also die normierten Bauelementewerte $R = R_n = 1$ und $C = C_n = 1$.

Die Übertragungsfunktion der (normierten) Schaltung lautet

$$G(j\omega) = \frac{U_2}{U_1} = \frac{R}{R + 1/(j\omega C)} = \frac{j\omega RC}{1 + j\omega RC} = \frac{j\omega}{1/(RC) + j\omega} = \frac{j\omega}{1 + j\omega} = \frac{a_0 + a_1 j\omega}{b_0 + j\omega}.$$

Die Ermittlung von $g(t)$ und $h(t)$ kann mit Gl. 3.23 erfolgen.

a) Mit $a_0 = 0$, $a_1 = 1$, $b_0 = 1$ erhält man aus Gl. 3.23

$$g(t) = a_1\delta(t) + s(t)(a_0 - a_1 b_0)e^{-b_0 t} = \delta(t) - s(t)e^{-t}.$$

Zu dem gleichen Ergebnis kommt man, wenn die Übertragungsfunktion zunächst folgendermaßen umgeformt wird

$$G(j\omega) = \frac{j\omega}{1 + j\omega} = 1 - \frac{1}{1 + j\omega}$$

und die beiden Summanden (mit Hilfe der Korrespondenzen im Anhang A.1) zurücktransformiert werden.

Aus der rechts skizzierten Impulsantwort der normierten Schaltung erhält man die "wirkliche" Impulsantwort folgendermaßen. Es gilt $t_w = t_n/\omega_b = 1{,}592\,10^{-4} \cdot t_n$. Dies bedeutet, daß die Zeitachse "umskaliert" werden muß. An die Stelle $t = t_n = 1$ ist $t = t_w = 0{,}1592$ ms zu schreiben. Wie bei dem Beispiel im Lehrbuchabschnitt 3.5.2 erklärt wurde, ist die normierte Impulsantwort zusätzlich noch mit $\omega_b = 6283{,}2$ s^{-1} zu multiplizieren. An die "Ordinatenstelle 1" ist also der Wert $6283{,}2$ s^{-1} zu schreiben. Formal lautet die "wirkliche" Impulsantwort

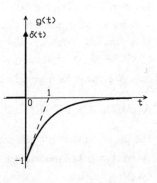

$$g_w(t_w) = \omega_b g_n(t_w \omega_b) = 6283{,}2\left\{ \delta(6283{,}2 \cdot t_w) - s(6283{,}2 \cdot t_w)e^{-6283{,}2 \cdot t_w} \right\}.$$

Weil das Eingangssignal bei dem Netzwerk eine Spannung ist, hat die Impulsantwort hier die Dimension Vs^{-1}.

b) Mit $a_0 = 0$, $a_1 = 1$, $b_0 = 1$ erhält man nach Gl. 3.23 die (normierte) Sprungantwort

$$h(t) = s(t)\left\{ \frac{a_0}{b_0} - \frac{a_0 - a_1 b_0}{b_0}e^{-b_0 t} \right\} = s(t)e^{-t}.$$

Statt der Anwendung dieser Formel kann man natürlich auch

$$Y(j\omega) = X(j\omega)G(j\omega) = \left(\pi\delta(\omega) + \frac{1}{j\omega} \right) \cdot \frac{j\omega}{1 + j\omega} = \frac{1}{1 + j\omega}$$

berechnen und den rechten Ausdruck zurücktransformieren. Bei der Rechnung wurde die Regel $f(\omega)\delta(\omega) = f(0)\delta(\omega)$ angewandt (Gl. 2.5).

Die Sprungantwort ist rechts skizziert. Die "wirkliche" Sprungantwort erhält man durch eine Umskalierung der Zeitachse, wobei $t_w = t_n/\omega_b = t_n \cdot 1,592\,10^{-4}$ gilt. An die Stelle $t = t_n = 1$ ist also die Zeit $0,1592$ ms zu schreiben. Da Ein- und Ausgangssignal bei dem Netzwerk beide Spannungen sind, entfällt eine Umskalierung der Ordinate. Formal gilt

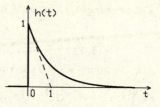

$$h_w(t_w) = h_n(t_w\omega_b) = s(6283,2 \cdot t_w)e^{-6283,2 \cdot t_w}.$$

Zusatz:

Leser, die mit den Normierungsproblemen Schwierigkeiten haben, können zur Kontrolle unnormiert rechnen. Man erhält in diesem Fall mit $a_0 = 0$, $a_1 = 1$, $b_0 = 1/(RC)$ $= 1/(1000 \cdot 159,2\,10^{-9}) \approx 6283$ s^{-1} z.B. die Impulsantwort

$$g(t) = a_1\delta(t) - s(t)(a_0 - a_1 b_0)e^{-b_0 t} = \delta(t) - s(t)6283e^{-6283t}.$$

In dieser Gleichung hat t die Bedeutung der wirklichen Zeit. Das Ergebnis unterscheidet sich von dem oben angegebenen noch durch den anderen Faktor und das andere Argument bei dem Dirac-Impuls. Wendet man aber die Regel $\delta(at) = \delta(t)/|a|$ an (Gl. 2.7), so wird $6283 \cdot \delta(6283\,t) = \delta(t)$, so daß nur ein scheinbarer Widerspruch vorliegt. Der Unterschied bei dem Argument der Sprungfunktion ist ohne Bedeutung.

Aufgabe 3.2.2

Die Impulsantwort $g(t)$ des rechts skizzierten Netzwerkes soll bei unterschiedlichen (normierten) Bauelementewerten berechnet und skizziert werden.

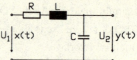

a) $L = 1, C = 1, R = 0,5$. b) $L = 1, C = 1, R = 4$. c) $L = 1, C = 1, R = 2$.

Lösung

Lösungsweg: Aufstellung der Übertragungsfunktion $G(j\omega)$ und deren Rücktransformation in den Zeitbereich ($g(t)$ O— $G(j\omega)$). Man erhält die Übertragungsfunktion

$$G(j\omega) = \frac{U_2}{U_1} = \frac{1/(LC)}{1/(LC) + j\omega R/L + (j\omega)^2} = \frac{a_0 + a_1 j\omega + a_2(j\omega)^2}{b_0 + b_1 j\omega + (j\omega)^2}.$$

Bei unterschiedlichen Nullstellen des Nennerpolynoms von $G(j\omega)$ kann die Impulsantwort nach der im Abschnitt 1.3 angegebenen Gl. 3.24 berechnet werden.

a) $L = 1, C = 1, R = 0,5$: $a_0 = 1, a_1 = a_2 = 0, b_0 = 1, b_1 = 0,5$.
Nullstellen des Nennerpolynoms: $p_1 = -1/4 + j\sqrt{15}/4$, $p_2 = -1/4 - j\sqrt{15}/4$.
Wegen $p_1 \neq p_2$ kann Gl. 3.24 verwendet werden:

$$g(t) = a_2\delta(t) + s(t)\left\{A_1 e^{p_1 t} + A_2 e^{p_2 t}\right\}.$$

Man erhält mit $A_1 = 2/(j\sqrt{15}) = -A_2$

$$g(t) = s(t)\frac{2}{j\sqrt{15}}(e^{(-0{,}25+j\sqrt{15}/4)t} - e^{(-0{,}25-j\sqrt{15}/4)t}) = s(t)\frac{2}{j\sqrt{15}}e^{-0{,}25t}(e^{jt\sqrt{15}/4} - e^{-jt\sqrt{15}/4}).$$

Daraus folgt mit $e^{jx} - e^{-jx} = 2j\sin x$ schließlich

$$g(t) = s(t)\frac{4}{\sqrt{15}}e^{-0{,}25t}\sin(t\sqrt{15}/4).$$

Diese Impulsantwort ist unten im Bild skizziert (Bezeichnung a).

b) $L = 1$, $C = 1$, $R = 4$: $a_0 = 1$, $a_1 = a_2 = 0$, $b_0 = 1$, $b_1 = 4$.

Nullstellen des Nennerpolynoms: $p_1 = -2 + \sqrt{3}$, $p_2 = -2 - \sqrt{3}$.

Auch hier treten zwei unterschiedliche Nennernullstellen auf, so daß Gl. 3.24 verwendet werden kann. Man erhält mit $A_1 = 1/(2\sqrt{3}) = -A_2$

$$g(t) = s(t)\frac{1}{2\sqrt{3}}(e^{(-2+\sqrt{3})t} - e^{(-2-\sqrt{3})t}).$$

Diese Impulsantwort ist unten im Bild skizziert (Bezeichnung b), man spricht hier von dem "Kriechfall".

c) $L = 1$, $C = 1$, $R = 2$: $a_0 = 1$, $a_1 = a_2 = 0$, $b_0 = 1$, $b_1 = 2$.

Nullstellen des Nennerpolynoms: $p_{1,2} = -1$.

Das Nennerpolynom hat eine doppelte Nullstelle, daher ist Gl. 3.24 nicht anwendbar. Wir erhalten hier

$$G(j\omega) = \frac{1}{1 + 2j\omega + (j\omega)^2} = \frac{1}{(1+j\omega)^2}.$$

Dieser Ausdruck kann sofort zurücktransformiert werden, man erhält (siehe Tabelle A.1)

$$g(t) = s(t)te^{-t}.$$

$g(t)$ ist rechts im Bild skizziert (Bezeichnung c), man spricht hier von dem "aperiodischen Grenzfall".

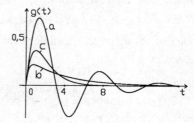

Aufgabe 3.2.3

Gegeben ist ein System mit der Übertragungsfunktion

$$G(j\omega) = \frac{3 + 2j\omega}{1 + 2j\omega}.$$

a) Man berechne die Impulsantwort und Sprungantwort des Systems.

b) Mit Hilfe der Beziehung $Y(j\omega) = X(j\omega)G(j\omega)$ soll die Systemreaktion auf $x(t) = s(t)e^{-1{,}5t}$ berechnet werden.

Lösung

a) Zur Ermittlung der Impulsantwort schreiben wir

$$G(j\omega) = \frac{3+2j\omega}{1+2j\omega} - \frac{1,5+j\omega}{0,5+j\omega} = \frac{(0,5+j\omega)+1}{0,5+j\omega} = 1 + \frac{1}{0,5+j\omega}.$$

Die beiden Summanden (in der rechten Form) von $G(j\omega)$ lassen sich mit Hilfe der Korrespondenzen im Anhang A.1 zurücktransformieren, man erhält

$$g(t) = \delta(t) + s(t)e^{-0,5t}.$$

Mit der Korrespondenz $s(t) \circ\!\!-\!\!- \pi\delta(\omega) + 1/(j\omega)$ erhält man die Fourier-Transformierte der Sprungantwort

$$Y(j\omega) = X(j\omega)G(j\omega) = \left(\pi\delta(\omega) + \frac{1}{j\omega}\right)\frac{1,5+j\omega}{0,5+j\omega} = 3\pi\delta(\omega) + \frac{1,5+j\omega}{j\omega(0,5+j\omega)} = Y_1(j\omega) + Y_2(j\omega).$$

Bei der Berechnung von $Y_1(j\omega) = 3\pi\delta(\omega)$ wurde die Regel $f(\omega)\delta(\omega) = f(0)\delta(\omega)$ angewandt. Der zweite Summand muß in Partialbrüche entwickelt werden, es gilt

$$Y_2(j\omega) = \frac{1,5+j\omega}{j\omega(0,5+j\omega)} = \frac{3}{j\omega} - \frac{2}{0,5+j\omega}.$$

Damit erhält man insgesamt

$$Y(j\omega) = 3\pi\delta(\omega) + \frac{3}{j\omega} - \frac{2}{0,5+j\omega}$$

und mit den Korrespondenzen $2\pi\delta(\omega)\,-\!\!\circ\, 1$, $2/(j\omega)\,-\!\!\circ\, \mathrm{sgn}\,t$, $1/(0,5+j\omega)\,-\!\!\circ\, s(t)e^{-0,5t}$ schließlich die Sprungantwort

$$h(t) = 1,5 + 1,5\,\mathrm{sgn}\,t - 2s(t)e^{-0,5t} = s(t)(3 - 2e^{-0,5t}).$$

Den rechts stehenden Ausdruck erhält man mit der vom Leser leicht nachkontrollierbaren Beziehung $1 + \mathrm{sgn}\,t = 2s(t)$.

Hinweise:

1. $g(t)$ und $h(t)$ können auch mit der in der im Abschnitt 1.3 angegebenen Gl. 3.23 ermittelt werden ($a_0 = 1,5$, $a_1 = 1$, $b_0 = 0,5$).
2. Auf die graphische Darstellung der Ergebnisse wird hier verzichtet (Übung für den Leser).
3. Partialbruchentwicklungen werden im Lehrbuchabschnitt 5 im Zusammenhang mit der Laplace-Transformation ausführlich behandelt.

b) Das Signal $x(t) = s(t)e^{-1,5t}$ hat die Fouriertransformierte $X(j\omega) = 1/(1,5+j\omega)$. Damit wird

$$Y(j\omega) = X(j\omega)G(j\omega) = \frac{1}{1,5+j\omega} \cdot \frac{1,5+j\omega}{0,5+j\omega} = \frac{1}{0,5+j\omega},$$

$$y(t) = s(t)e^{-0,5t}.$$

Aufgabe 3.2.4 E

Das Bild zeigt ein System mit seinem Ein- und Ausgangssignal (siehe auch Aufgabe 2.3.3):

$$x(t) = e^{-|t|}, \quad y(t) = \begin{cases} 0,25e^t & \text{für } t < 0 \\ 0,25e^{-t} + 0,5te^{-t} + 0,5t^2e^{-t} & \text{für } t > 0 \end{cases}.$$

Gesucht sind die Übertragungsfunktion und die Impulsantwort des Systems.

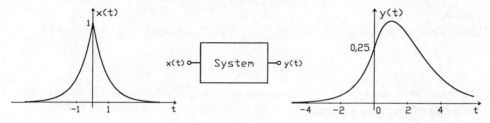

Lösung

Die Fourier-Transformierte von $x(t)$ kann der Tabelle im Anhang A.1 entnommen werden:

$$X(j\omega) = \frac{2}{1+\omega^2} = \frac{2}{(1+j\omega)(1-j\omega)}.$$

Zur Ermittlung von $Y(j\omega)$ stellt man $y(t)$ zweckmäßig folgendermaßen als geschlossenen Ausdruck dar:

$$y(t) = 0,25e^{-|t|} + s(t)0,5te^{-t} + s(t)0,5t^2e^{-t}.$$

Dann findet man mit den in der Korrespondenzentabelle angegebenen Beziehungen

$$Y(j\omega) = \frac{0,5}{1+\omega^2} + \frac{0,5}{(1+j\omega)^2} + \frac{1}{(1+j\omega)^3}.$$

Mit diesen Fourier-Transformierten erhält man aus der Beziehung $Y(j\omega) = X(j\omega)G(j\omega)$

$$G(j\omega) = \frac{Y(j\omega)}{X(j\omega)} = 0,25 + \frac{0,25(1-j\omega)}{1+j\omega} + \frac{0,5(1-j\omega)}{(1+j\omega)^2}.$$

Durch elementare Rechnung ergibt sich schließlich

$$G(j\omega) = \frac{1}{(1+j\omega)^2}$$

und die rechts skizzierte Impulsantwort

$$g(t) = s(t)te^{-t}.$$

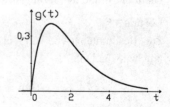

Aufgabe 3.2.5

Ein System reagiert auf das Eingangssignal $x(t) = e^{j\omega t}$ mit

$$y(t) = \frac{e^{j\omega(t-2)}}{1+j\omega}.$$

Zu berechnen sind die Übertragungsfunktion und die Impulsantwort des Systems.

Lösung

Wenn $x(t) = e^{j\omega t}$ ist, lautet $y(t) = G(j\omega)e^{j\omega t}$ (Gl. 2.18). Damit erhält man hier

$$G(j\omega) = \frac{y(t)}{x(t)}\bigg|_{x(t) = e^{j\omega t}} = \frac{1}{1+j\omega}e^{-2j\omega}.$$

Zur Rücktransformation von $G(j\omega)$ kommt der Zeitverschiebungssatz der Fourier-Transformation (Gl. 3.10) zur Anwendung:

$$f(t)\ O\!\!-\!\!F(j\omega) \quad \Rightarrow \quad f(t-t_0)\ O\!\!-\!\!F(j\omega)e^{-j\omega t_0}.$$

Mit der Korrespondenz $s(t)e^{-t}\ O\!\!-\!\!1/(1+j\omega)$ und $t_0 = 2$ gilt

$$s(t)e^{-t}\ O\!\!-\!\!\frac{1}{1+j\omega} \quad \Rightarrow \quad s(t-2)e^{-(t-2)}\ O\!\!-\!\!\frac{1}{1+j\omega}e^{-j\omega 2}.$$

Damit lautet die gesuchte Impulsantwort

$$g(t) = s(t-2)e^{-(t-2)}.$$

Auf eine Skizze für $g(t)$ wird verzichtet, es handelt sich um die um zwei Zeiteinheiten nach rechts verschobene Funktion $s(t)e^{-t}$.

Aufgabe 3.2.6

Gegeben ist ein System mit der Übertragungsfunktion

$$G(j\omega) = \frac{j\omega}{(1+j\omega)^3}.$$

Die Impuls- und die Sprungantwort des Systems sind zu berechnen und zu skizzieren.

Lösung

Zur Bestimmung von $g(t)$ als Fourier-Rücktransformierte von $G(j\omega)$ ist eine Partialbruchentwicklung

$$G(j\omega) = \frac{j\omega}{(1+j\omega)^3} = \frac{A_1}{1+j\omega} + \frac{A_2}{(1+j\omega)^2} + \frac{A_3}{(1+j\omega)^3}$$

durchzuführen. Diese (mühsame) Aufgabe kann vermieden werde, wenn zunächst $h(t)$ ermittelt wird und dann $g(t) = h'(t)$.

Mit der Korrespondenz $s(t)\ \text{O--}\ \pi\delta(\omega)+1/(j\omega)$ wird die Fourier-Transformierte der Sprung-antwort

$$Y(j\omega)=X(j\omega)G(j\omega)=\left(\pi\delta(\omega)+\frac{1}{j\omega}\right)\frac{j\omega}{(1+j\omega)^3}=\frac{1}{(1+j\omega)^3}.$$

Bei der Berechnung ist die Beziehung $f(\omega)\delta(\omega)=f(0)\delta(\omega)$ zu beachten. Die Rücktransformation kann mit Hilfe der Tabelle im Anhang A.1 erfolgen, man erhält die unten skizzierte Sprung-antwort

$$h(t)=s(t)0,5t^2e^{-t}.$$

Durch Ableitung von $h(t)$ findet man (unter Beachtung der Beziehung $f(t)\delta(t)=f(0)\delta(t)$) die ebenfalls unten skizzierte Impulsantwort

$$g(t)=s(t)0,5te^{-t}(2-t).$$

Aus der Form von $g(t)$ kann man nun leicht die Ent-wicklungskoeffizienten der ganz oben angegebenen Partial-bruchentwicklung für $G(j\omega)$ erhalten. Die Transformation (der beiden Summanden) von $g(t)$ in den Frequenzbereich liefert

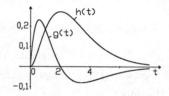

$$G(j\omega)=\frac{1}{(1+j\omega)^2}-\frac{1}{(1+j\omega)^3}\quad\text{also}\quad A_1=0, A_2=1, A_3=-1.$$

Aufgabengruppe 3.3

Bei diesen Aufgaben werden die Lösungen in kürzerer Form angegeben. Die Aufgaben beziehen sich auf den gesamten Stoff des Lehrbuchabschnittes 3.

⌣ Aufgabe 3.3.1   K

Das Spektrum der rechts skizzierten Funktion $f(t)$ soll berechnet werden.

Lösung

Mit der Defintionsgleichung für die Fourier-Transformierte (Gl. 3.3) erhält man

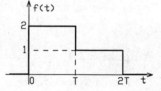

$$F(j\omega)=\int_0^T 2e^{-j\omega t}dt+\int_T^{2T}e^{-j\omega t}dt=\frac{2}{j\omega}(1-e^{-j\omega T})+\frac{1}{j\omega}(e^{-j\omega T}-e^{-2j\omega T})=\frac{1}{j\omega}(2-e^{-j\omega T}-e^{-2j\omega T}).$$

Aufgabe 3.3.2   K

Für die rechts skizzierte Funktion $f(t) = e^{-t^2}$ und deren eben-

falls rechts skizzierte Ableitung $\tilde{f}(t) = f'(t) = -2te^{-t^2}$ sollen die

Fourier-Transformierten ermittelt werden.

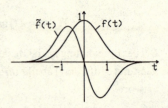

Lösung

Aus der Korrespondenzentabelle entnimmt man

$$F(j\omega) = \sqrt{\pi}e^{-\omega^2/4}.$$

Nach der Regel von der Differentiation im Zeitbereich (Gl. 3.12) hat die Ableitung von $f(t)$ die

Fourier-Transformierte $j\omega F(j\omega)$, also wird

$$\tilde{F}(j\omega) = j\omega\sqrt{\pi}e^{-\omega^2/4}.$$

Aufgabe 3.3.3   K

Die Fourier-Transformierte $X(j\omega)$ des rechts skizzierten

Signales $x(t) = e^{-|t|}$ soll berechnet werden.

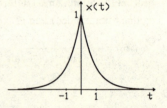

Lösung

Um das Integral (Gl. 3.3) für die Fourier-Transformation

anwenden zu können, stellen wir $x(t)$ folgendermaßen dar

$$x(t) = e^{-|t|} = \begin{cases} e^t & \text{für } t < 0 \\ e^{-t} & \text{für } t > 0 \end{cases},$$

dann erhalten wir (siehe auch Korrespondenzentabelle im Anhang A.1)

$$X(j\omega) = \int_{-\infty}^{\infty} x(t)e^{-j\omega t}dt = \int_{-\infty}^{0} e^t e^{-j\omega t}dt + \int_{0}^{\infty} e^{-t}e^{-j\omega t}dt = \int_{-\infty}^{0} e^{t(1-j\omega)}dt + \int_{0}^{\infty} e^{-t(1+j\omega)}dt =$$

$$= \frac{1}{1-j\omega}e^{t(1-j\omega)}\Big|_{-\infty}^{0} + \frac{-1}{1+j\omega}e^{-t(1+j\omega)}\Big|_{0}^{\infty} = \frac{1}{1-j\omega} + \frac{1}{1+j\omega} = \frac{2}{1+\omega^2}.$$

Aufgabe 3.3.4   K

Die Fourier-Transformierte des rechts skizzierten Signales

$$f(t) = s(t)e^{-at}\cos(\omega_0 t), \quad a > 0$$

soll berechnet werden.

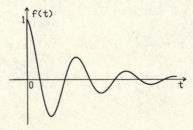

Lösung

Mit $\cos(\omega_0 t) = 0,5e^{j\omega_0 t} + 0,5e^{-j\omega_0 t}$ erhalten wir (siehe

auch Korrespondenzentabelle im Anhang A.1)

$$F(j\omega) = \int_{-\infty}^{\infty} f(t)e^{-j\omega t}dt = \int_{0}^{\infty} e^{-at}\left(0,5e^{j\omega_0 t} + 0,5e^{-j\omega_0 t}\right)e^{-j\omega t}dt =$$

$$= 0,5\int_{0}^{\infty} e^{-t(a + j\omega - j\omega_0)}dt + 0,5\int_{0}^{\infty} e^{-t(a + j\omega + j\omega_0)}dt =$$

$$= -\frac{0,5}{a + j(\omega - \omega_0)}e^{-t(a + j\omega - j\omega_0)}\Big|_{0}^{\infty} - \frac{0,5}{a + j(\omega + \omega_0)}e^{-t(a + j\omega + j\omega_0)}\Big|_{0}^{\infty} =$$

$$= \frac{0,5}{a + j(\omega - \omega_0)} + \frac{0,5}{a + j(\omega + \omega_0)} = \frac{a + j\omega}{[a + j(\omega - \omega_0)]\,[a + j(\omega + \omega_0)]} = \frac{a + j\omega}{(a + j\omega)^2 + \omega_0^2}.$$

✓ Aufgabe 3.3.5   K

Das Bild zeigt die Impulsantwort $g(t) = e^{-(t-2)^2}$ eines

Systems. Die Übertragungsfunktion des Systems ist zu ermitteln. Außerdem ist zu begründen, daß das vorliegende System nicht kausal ist.

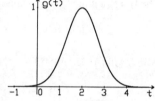

Lösung

Aus der Korrespondenztabelle im Anhang A.1 entnimmt man die Korrespondenz

$$e^{-t^2} \;\;O\!\!-\!\!\!-\; \sqrt{\pi}\, e^{-\omega^2/4}.$$

Dann erhält man mit dem Zeitverschiebungssatz (Gl. 3.10) die Übertragungsfunktion

$$G(j\omega) = \sqrt{\pi}\, e^{-\omega^2/4} e^{-2j\omega} \;\;-\!\!\!-O\; e^{-(t-2)^2} = g(t).$$

Das System ist nicht kausal, weil $g(t) \neq 0$ für $t < 0$ ist (siehe Gl. 2.16).

Aufgabe 3.3.6   K

Ein System reagiert auf das Eingangssignal $x(t) = 10e^{j\omega t}$ mit

$$y(t) = \frac{20 + 10j\omega}{1 + 2j\omega}e^{j\omega t}.$$

a) Man berechne die Übertragungsfunktion des Systems.

b) Man berechne die Impuls- und die Sprungantwort.

Lösung

a) Gemäß Gl. 2.18 erhält man

$$G(j\omega) = \frac{2 + j\omega}{1 + 2j\omega} = \frac{1 + 0,5j\omega}{0,5 + j\omega}.$$

b) Aus der rechten Form von $G(j\omega)$ entnehmen wir die Koeffizienten $a_0 = 1, a_1 = 0,5, b_0 = 0,5$
und erhalten nach Gl. 3.23

$$g(t) = 0,5\delta(t) + 0,75s(t)e^{-0,5t}, \quad h(t) = s(t)(2 - 1,5e^{-0,5t}).$$

Aufgabe 3.3.7   K

Das Bild zeigt eine Schaltung mit einem Ein- und Ausgangssignal.
Zu berechnen sind die Impuls- und die Sprungantwort. Der Verlauf
der Sprungantwort ist physikalisch zu interpretieren.

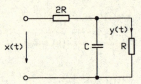

Lösung

Die Übertragungsfunktion lautet (komplexer Ausgangsstrom zu komplexer Eingangsspannung)

$$G(j\omega) = \frac{1/(2R^2C)}{3/(2RC) + j\omega}.$$

Mit der im Abschnitt 1.3 angegebenen Beziehung 3.23 erhält man dann

$$g(t) = s(t)\frac{1}{2R^2C}e^{-3t/(2RC)}, \quad h(t) = s(t)\frac{1}{3R}(1 - e^{-3t/(2RC)}).$$

Physikalische Interpretation von $h(t)$:

Die Sprungantwort ist die Systemreaktion auf $x(t) = s(t)$. Wenn zum Zeitpunkt $t = 0$ die
Eingangsspannung von 0 auf 1 V "springt", wird im ersten Moment kein Strom $y(t)$ fließen,
weil der Kondensator ungeladen ist. Dies bedeutet $h(0) = 0$. Nach hinreichend langer Zeit ist
der Kondensator voll aufgeladen, der gesamte Strom fließt durch den Widerstand R. Dieser hat
bei 1 V Eingangsspannung den Wert $1/(3R)$. Daraus folgt $h(\infty) = 1/(3R)$. Skizze von $h(t)$ durch
den Leser!

Aufgabe 3.3.8   K

Bei der rechts skizzierten Schaltung soll die Systemreaktion auf das
Eingangssignal $x(t) = s(t)\sin t$ berechnet werden.

Lösung

Die Übertragungsfunktion des Systems lautet

$$G(j\omega) = \frac{1 + (j\omega)^2}{1 + 2j\omega + (j\omega)^2} = \frac{1 - \omega^2}{(1 + j\omega)^2}.$$

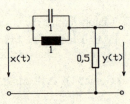

Aus der Korrespondenzentabelle im Anhang A.1 entnehmen wir die Fourier-Transformierte

$$X(j\omega) = \frac{\pi}{2j}\delta(\omega-1) - \frac{\pi}{2j}\delta(\omega+1) + \frac{1}{1-\omega^2}.$$

Unter Beachtung der Beziehung $f(\omega)\delta(\omega \mp 1) = f(\pm 1)\delta(\omega \mp 1)$ erhalten wir dann

$$Y(j\omega) = X(j\omega)G(j\omega) = \frac{1}{(1+j\omega)^2}, \quad y(t) = s(t)te^{-t}.$$

Aufgabe 3.3.9   K

Gegeben ist die im Bereich $0 \le t < T_0$ betrachtete Funktion $f(t) = e^{-t}$. $f(t)$ wird im Abstand $T = T_0/10$ abgetastet, es enstehen die Abtastwerte $f(0) = 1, f(T) = e^{-0,1T_0} \ldots f(9T) = e^{-0,9T_0}$. Zu berechnen ist die diskrete Fourier-Transformierte $F(m\Omega)$ des Signales $f(nT)$.

Lösung

Nach Gl. 3.18 im Abschnitt 1.3 erhält man (mit $e^{-jm2\pi} = 1$)

$$F(m\Omega) = \sum_{n=0}^{9} f(nT)e^{-j2\pi nm/10} = \sum_{n=0}^{9} e^{-0,1nT_0}e^{-j2\pi nm/10} = \sum_{n=0}^{9} e^{-n0,1(T_0 + j2\pi m)} =$$

$$= \sum_{n=0}^{9}\left(e^{-0,1(T_0 + j2\pi m)}\right)^n = \frac{1 - e^{-T_0}}{1 - e^{-0,1(T_0 + j2\pi m)}}, \quad m = 0 \ldots 9, \quad \Omega = 2\pi/T_0.$$

Zur Auswertung der Summe wurde die Formel für die Summe einer geometrischen Reihe (Gl. 6.7) angewandt.

Aufgabe 3.3.10   K

$f(t)$ sei ein bandbegrenztes Signal mit der Grenzfrequenz f_g. Von dem Signal liegen folgende Abtastwerte im Abstand $T = \pi/\omega_g = 1/(2f_g)$ vor: $f(-2T) = 0, 1, f(-T) = 0, 5, f(0) = 1, f(T) = 0, 5, f(2T) = 0, 1$. Der "Zwischenwert" $f(0,5T)$ soll (näherungsweise) berechnet werden.

Lösung

Nach Gl. 3.20 gilt bei den hier vorliegenden Voraussetzungen

$$f(t) = \sum_{v=-\infty}^{\infty} f(v\pi/\omega_g)\frac{\sin[\omega_g(t - v\pi/\omega_g)]}{\omega_g(t - v\pi/\omega_g)}.$$

Für $t = 0,5T$ erhalten wir aus dieser Gleichung mit $\omega_g t = (\pi/T) \cdot 0,5T = \pi/2$:

$$f(0,5T) \approx 0,1 \cdot \frac{\sin(2,5\pi)}{2,5\pi} + 0,5 \cdot \frac{\sin(1,5\pi)}{1,5\pi} + 1 \cdot \frac{\sin(0,5\pi)}{0,5\pi} +$$

$$+ 0,5 \cdot \frac{\sin(-0,5\pi)}{-0,5\pi} + 0,1 \cdot \frac{\sin(-1,5\pi)}{-1,5\pi} = 0,8403.$$

4 Ideale Übertragungssysteme

Die Beispiele dieses Abschnittes beziehen sich auf den 4. (bei den älteren Auflagen 3.) Abschnitt des Lehrbuches. Sie sind in drei Gruppen unterteilt. Die Aufgabengruppe 4.1 enthält fünf Beispiele, die sich auf verzerrungsfrei übertragende Systeme beziehen oder bei denen zu untersuchen ist, ob die Bedingungen für eine verzerrungsfreie Übertragung vorliegen. Der Abschnitt 4.2 enthält fünf Aufgaben über ideale Tief- Hoch- und Bandpaßsysteme. Schließlich enthält die Aufgabengruppe 4.3 vier weitere Beispiele, die den gesamten Stoff betreffen und bei denen die Lösungen in kürzerer Form mit weniger Erklärungen angegeben werden.

Dem Leser wird empfohlen, die mit "E" gekennzeichneten Aufgaben zuerst zu bearbeiten. Es handelt sich hierbei um besonders charakteristische Aufgaben mit detaillierten Lösungen und oft auch noch zusätzlichen Hinweisen. Die Bezeichnung "K" bedeutet, daß die Lösungen nur in einer Kurzform angegeben sind. Die wichtigsten zur Lösung der Aufgaben erforderlichen Gleichungen sind im Abschnitt 1.4 zusammengestellt.

Aufgabengruppe 4.1

Die Aufgabengruppe enthält fünf Beispiele, die sich auf verzerrungsfrei übertragende Systeme beziehen oder bei denen zu klären ist, ob sie verzerrungsfrei übertragen.

Aufgabe 4.1.1   E

Ein Übertragungskanal reagiert auf $x(t)$ mit $y(t) = 0,1 \cdot x(t - T)$, wobei $T > 0$ sein soll.

a) Um was für ein System handelt es sich im vorliegenden Fall?

b) Begründen Sie, daß das System stabil und kausal ist.

c) Ermitteln Sie die Impulsantwort und die Übertragungsfunktion des Systems.

d) Ermitteln und skizzieren Sie den Dämpfungs- und Phasenverlauf.

Lösung

a) Der hier vorliegende Zusammenhang zwischen dem Ein- und Ausgangssignal hat die Form $y(t) = Kx(t - t_0)$ mit $K = 0,1$ und $t_0 = T$, also handelt es sich um ein verzerrungsfrei übertragendes System (siehe Gl. 4.7). Die Eingangssignale werden bei diesem System lediglich mit dem Faktor $K = 0,1$ multipliziert und um die Zeit $t_0 = T$ "verzögert".

b) Falls $|x(t)| < M < \infty$ ist, ist $|y(t)| < 0,1 \cdot M < \infty$, daher ist das System stabil (siehe Gl. 2.12). Wenn $x(t) = 0$ für $t < t_0$ ist, ist $y(t) = 0$ für $t < t_0 + T$, die Systemreaktion trifft nach der Ursache ein, das System ist kausal (siehe Gl. 2.13).

c) Mit $x(t) = \delta(t)$ wird $y(t) = g(t) = 0,1\delta(t - T)$ (siehe Gl. 4.8). Die Fourier-Transformierte von $g(t)$ ist die Übertragungsfunktion $G(j\omega) = 0,1e^{-j\omega T}$ (siehe Gl. 4.9).

Anderer Weg zur Ermittlung von $G(j\omega)$:

Die Systemreaktion auf $x(t) = e^{j\omega t}$ lautet $y(t) = 0,1x(t - T) = 0,1e^{-j\omega(t-T)} = 0,1e^{-j\omega T}e^{j\omega t} = G(j\omega)e^{j\omega t}$. Aus dieser Beziehung erhält man für $G(j\omega)$ den oben angegebenen Ausdruck.

d) $A(\omega) = -20 \cdot \lg |G(j\omega)| = -20 \cdot \lg 0,1 = 20$ dB.

Aus der Schreibweise $G(j\omega) = |G(j\omega)| e^{-jB(\omega)} = 0,1 e^{-j\omega T}$ (siehe Gl. 4.4) folgt hier $B(\omega) = \omega T$. Die konstante Dämpfung und die lineare Phase sind rechts skizziert.

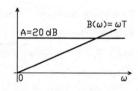

Hinweis:

Ein Beispiel für ein verzerrungsfrei übertragendes System ist eine Leitung mit konstanten Werten der Dämpfungs- und Phasenkonstanten. Durch Netzwerke mit konzentrierten Bauelementen lassen sich verzerrungsfrei übertragende Systeme nur näherungsweise realisieren.

Aufgabe 4.1.2

Ein System reagiert auf das Eingangssignal $x_1(t) = \cos(\omega_0 t)$ mit $y_1(t) = 0,5 \cos(\omega_0 t - \pi/3)$. Das gleiche System reagiert auf das Signal $x_2(t) = \cos(2\omega_0 t)$ mit $y_2(t) = 0,5 \cos(2\omega_0 t - \pi/2)$. Begründen Sie, daß es sich hier um kein verzerrungsfrei übertragendes System handelt.

Lösung

Bei einem verzerrungsfrei übertragenden System gilt $y(t) = Kx(t - t_0)$. Wir schreiben

$$y_1(t) = 0,5 \cos(\omega_0 t - \pi/3) = 0,5 \cos[\omega_0(t - \pi/(3\omega_0))] = 0,5 x_1[t - \pi/(3\omega_0)].$$

Dies würde bei einem verzerrungsfrei übertragenden System $K = 0,5$ und $t_0 = \pi/(3\omega_0)$ bedeuten. Mit diesen Werten würde die Systemreaktion auf $x_2(t) = \cos(2\omega_0 t)$ folgendermaßen lauten:

$$y_2(t) = Kx_2(t - t_0) = 0,5 \cos[2\omega_0(t - \pi/(3\omega_0))] = 0,5 \cos(2\omega_0 t - 2\pi/3).$$

Dies ist aber ein Widerspruch zu der in der Aufgabenstellung angegebenen Systemreaktion $y_2(t) = 0,5 \cos(2\omega_0 t - \pi/2)$. Offensichtlich weist das vorliegende System keinen linearen Phasenverlauf auf, es ist kein verzerrungsfrei übertragendes System.

Aufgabe 4.1.3   E

Gegeben ist ein System mit der rechts skizzierten Impulsantwort

$$g(t) = -\delta(t) + s(t) 2e^{-t}.$$

a) Ermitteln Sie die Übertragungsfunktion des Systems.

b) Berechnen Sie Dämpfung und Phase. Skizzieren Sie den Phasenverlauf. Handelt es sich hier um ein verzerrungsfrei übertragendes System?

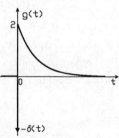

Lösung

a) Mit den im Anhang A.1 angegebenen Korrespondenzen erhält man die Übertragungsfunktion

$$G(j\omega) = -1 + \frac{2}{1+j\omega} = \frac{1-j\omega}{1+j\omega}.$$

b) Wir drücken den Zähler und Nenner der (rechten Form) der Übertragungsfunktion folgendermaßen aus:

$$Z = 1 - j\omega = \sqrt{1 + \omega^2}\, e^{j\psi},\ \psi = -\arctan\omega,\quad N = 1 + j\omega = \sqrt{1 + \omega^2}\, e^{j\varphi},\ \varphi = \arctan\omega.$$

Dann wird

$$G(j\omega) = \frac{Z}{N} = \frac{e^{j\psi}}{e^{j\varphi}} = e^{-j(\varphi - \psi)} = e^{-jB(\omega)}\ \text{mit}\ B(\omega) = \varphi - \psi = 2\arctan\omega.$$

Offensichtlich hat das System eine konstante Dämpfung $A = -20 \cdot \lg |\,G(j\omega)\,| = 0\,\text{dB}$. Die (unten rechts skizzierte) Phase verläuft allerdings nicht linear, es liegt kein verzerrungsfrei übertragendes System vor.

Hinweise:

Bei dem vorliegenden System handelt es sich um einen Allpaß.
Allpässe haben eine konstante Dämpfung, sie werden in der
Praxis zur Phasenentzerrung verwandt. Sie sind (im Gegensatz
zu verzerrungsfrei übertragenden Systemen) durch Netzwerke
mit konzentrierten Bauelementen realisierbar.

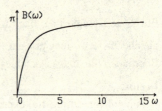

Aufgabe 4.1.4

Ein System reagiert auf Signale der Form $x(t) = \cos(\omega t)$ mit $y(t) = f(\omega) \cdot \cos[\omega t - \varphi(\omega)]$.

a) Geben Sie Beziehungen für $f(\omega)$ und $\varphi(\omega)$ an, wenn es sich um ein verzerrungsfrei übertragendes System handelt.

b) Geben Sie Beziehungen für $f(\omega)$ und $\varphi(\omega)$ an, wenn es sich bei dem System um einen idealen Tiefpaß handelt.

Lösung

a) Bei einem verzerrungsfrei übertragenden System muß gelten

$$y(t) = K x(t - t_0) = K \cdot \cos[\omega(t - t_0)] = K \cdot \cos(\omega t - \omega t_0).$$

Daraus folgt $f(\omega) = K$, $\varphi(\omega) = \omega t_0.$

b) Ein idealer Tiefpaß überträgt Signale der Art $x(t) = \cos(\omega t)$ verzerrungsfrei, solange $\omega < \omega_g$ ist. Bei Signalen mit einer Frequenz, die höher als die Grenzfrequenz ω_g des Tiefpasses ist, wird $y(t) = 0$. Daraus folgt

$$f(\omega) = \begin{cases} K\ \text{für}\ \omega < \omega_g \\ 0\ \text{für}\ \omega > \omega_g \end{cases},\quad \varphi(\omega) = \omega t_0.$$

Hinweis:

Die Funktion $\varphi(\omega)$ ist hier ohne Einschränkung des Frequenzbereiches angegeben. Für Werte $\omega > \omega_g$ ist $y(t) = 0$, der Phasenwinkel hat dann keine Bedeutung mehr.

✓Aufgabe 4.1.5

Ein verzerrungsfrei übertragendes System reagiert auf das Eingangssignal $x(t) = s(t)$ mit $y(t) = h(t) = 0,5s(t-2)$.

a) Ermitteln Sie die Dämpfung und Phase.

b) Berechnen Sie die Systemreaktion $\tilde{y}(t)$ auf das Signal $\tilde{x}(t) = \cos(\omega t)$.

Lösung

a) Das verzerrungsfrei übertragende System reagiert auf $x(t) = s(t)$ mit

$$y(t) = h(t) = Ks(t-t_0) = 0,5s(t-2).$$

Dies bedeutet $K = 0,5$, $t_0 = 2$, $A = -20\lg 0,5 = 6,02$ dB, $B(\omega) = 2\omega$.

b) Die Systemreaktion auf $\tilde{x}(t) = \cos(\omega t)$ lautet

$$\tilde{y}(t) = K\tilde{x}(t-t_0) = 0,5\cos[\omega(t-2)].$$

Aufgabengruppe 4.2

Die Aufgaben dieser Gruppe beziehen sich auf ideale und linearphasige Tiefpässe sowie auf ideale Band- und Hochpässe.

Aufgabe 4.2.1   E

Das Bild zeigt ein periodisches Eingangssignal für einen idealen Tiefpaß mit der Übertragungsfunktion

$$G(j\omega) = \begin{cases} e^{-j\pi\omega/\omega_g} & \text{für } |\omega| < \omega_g \\ 0 & \text{für } |\omega| > \omega_g \end{cases}.$$

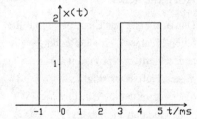

a) Ermitteln sie die Systemreaktion bei einer Grenzfrequenz des Tiefpasses von $f_g = 100$ Hz.

b) Ermitteln Sie die Systemreaktion bei einer Grenzfrequenz von $f_g = 400$ Hz.

Lösung

Das periodische Signal $x(t)$ mit der Periode $T = 4$ ms kann in Form einer Fourier-Reihe dargestellt werden. Man erhält (durch Rechnung entsprechend Gl. 3.1 oder aus einer Tabelle)

$$x(t) = 1 + \frac{4}{\pi}\cos(\omega_0 t) - \frac{4}{3\pi}\cos(3\omega_0 t) + \frac{4}{5\pi}\cos(5\omega_0 t) - +\dots, \quad \omega_0 = 2\pi f_0 \text{ mit } f_0 = 1/T = 250 \text{ Hz}.$$

Zur Berechnung von $y(t)$ ermittelt man die Reaktionen auf die einzelnen Summanden von $x(t)$ und addiert diese (Linearitätseigenschaft). Dabei ist zu beachten, daß Teilschwingungen mit Frequenzen oberhalb der Grenzfrequenz des Tiefpasses nicht übertragen werden. Teilschwingungen mit niedrigeren Frequenzen werden verzerrungsfrei übertragen. Die Übertragungsfunktion des Tiefpasses hat im Durchlaßbereich den Betrag $K = 1$ und die Phase $B(\omega) = \omega t_0 = \pi\omega/\omega_g$, d.h. $t_0 = \pi/\omega_g$.

a) Bei einer Grenzfrequenz des Tiefpasses von 100 Hz kann nur der Gleichanteil übertragen werden. Mit $x_1(t) = 1$ erhält man

$$y(t) = y_1(t) = Kx_1(t - t_0) = 1.$$

b) Bei einer Grenzfrequenz von $f_g = 400$ Hz wird außer dem Gleichanteil noch die erste Teilschwingung mit der Frequenz $f_0 = 250$ Hz verzerrungsfrei übertragen. Für diese Teilschwingung $x_2(t) = (4/\pi)\cos(2\pi f_0 t)$ wird

$$y_2(t) = Kx_2(t - t_0) = \frac{4}{\pi}\cos[\omega_0(t - t_0)] = \frac{4}{\pi}\cos(\omega_0 t - \omega_0 t_0) = \frac{4}{\pi}\cos(\omega_0 t - 5\pi/8).$$

Dabei war $\omega_0 t_0 = \pi\omega_0/\omega_g = \pi f_0/f_g = \pi\,250/400 = 5\pi/8$.

$y(t)$ besteht aus der Summe der beiden Teilreaktionen

$$y(t) = 1 + \frac{4}{\pi}\cos(\omega_0 t - 5\pi/8), \quad \omega_0 = 2\pi f_0 \text{ mit } f_0 = 250 \text{ Hz}.$$

Aufgabe 4.2.2

Das Bild zeigt das Eingangssignal für einen idealen Tiefpaß. Rechts ist die angenäherte Sprungantwort $\tilde{h}(t)$ dieses Tiefpasses skizziert.

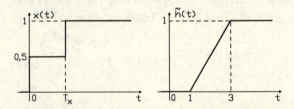

a) Wie groß ist die Einschwingzeit T_e des idealen Tiefpasses?

b) Unter der Bedingung $T_x = T_e$ soll die Systemreaktion auf $x(t)$ ermittelt und skizziert werden. Dabei ist die angenäherte Sprungantwort $\tilde{h}(t)$ zu verwenden.

Lösung

a) $T_e = 2$, die Einschwingzeit ist die Zeit in der die angenäherte Sprungantwort von 0 auf den Endwert ansteigt (siehe Bild 1.7).

b) Mit $T_x = T_e = 2$ erhält man für das Eingangssignal die Form

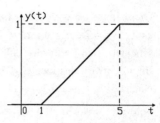

$x(t) = 0,5s(t) + 0,5s(t-2)$. Dann lautet die Systemreaktion $y(t) = 0,5\tilde{h}(t) + 0,5\tilde{h}(t-2)$. Diese (angenäherte) System-reaktion ist rechts skizziert.

Hinweis:

Ein idealer Tiefpaß ist ein nichtkausales System bei dem die Systemreaktion schon vor der Ursache eintrifft. Dieser Effekt ist hier nicht zu erkennen, da mit der angenäherten Sprungantwort gerechnet wurde (siehe Lehrbuchabschnitt 4.3.2 und Bild 1.7).

Aufgabe 4.2.3   E

Das Bild zeigt den Betrag der Übertragungsfunktion eines linearphasigen Tiefpasses. Es gilt $G(j\omega) = |G(j\omega)| e^{-j\omega t_0}$ mit

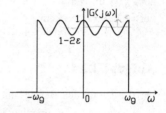

$$|G(j\omega)| = \begin{cases} (1-\varepsilon) + \varepsilon\cos(4\pi\omega/\omega_g) & \text{für } |\omega| < \omega_g \\ 0 & \text{für } |\omega| > \omega_g \end{cases}.$$

a) Man berechne die Einschwingzeit dieses Tiefpasses.

b) Die Impulsantwort des Tiefpasses ist zu berechnen und zu skizzieren.

Lösung

a) Die Einschwingzeit linearphasiger Tiefpässe berechnet sich nach Gl. 4.19

$$T_e = \frac{2\pi G(0)}{\int_{-\omega_g}^{\omega_g} |G(j\omega)| d\omega}.$$

Das Integral im Nenner muß nicht formal ausgewertet werden, man erkennt sofort, daß die Fläche unter $|G(j\omega)|$ den Wert $2\omega_g(1-\varepsilon)$ hat. Mit $G(0) = 1$ wird dann

$$T_e = \frac{\pi}{\omega_g(1-\varepsilon)}.$$

Die Einschwingzeit ist um den Faktor $1/(1-\varepsilon)$ größer als die beim idealen Tiefpaß (Gl. 4.15).

b) Die unmittelbare Fourier-Rücktransformation von $G(j\omega)$ ist hier recht umständlich. Mit $\cos(4\pi\omega/\omega_g) = 0,5e^{j4\pi\omega/\omega_g} + 0,5e^{-j4\pi\omega/\omega_g}$ erhält man für die Übertragungsfunktion im Durch-laßbereich die Form

$$G(j\omega) = |G(j\omega)| e^{-j\omega t_0} = (1-\varepsilon)e^{-j\omega t_0} + 0,5\varepsilon e^{-j\omega(t_0 - 4\pi/\omega_g)} + 0,5\varepsilon e^{-j\omega(t_0 + 4\pi/\omega_g)}.$$

Dies ist eine Darstellung gemäß Gl. 4.20, die Übertragungsfunktion ist die Summe von drei Übertragungsfunktionen idealer Tiefpässe. Nach Gl. 4.21 wird dann

$$g(t) = (1-\varepsilon)\frac{\sin[\omega_g(t-t_0)]}{\pi(t-t_0)} + 0,5\varepsilon\frac{\sin[\omega_g(t-t_0+4\pi/\omega_g)]}{\pi(t-t_0+4\pi/\omega_g)} + 0,5\varepsilon\frac{\sin[\omega_g(t-t_0-4\pi/\omega_g)]}{\pi(t-t_0-4\pi/\omega_g)}.$$

Diese Impulsantwort ist rechts (mit den Werten
$\varepsilon = 0, 1$, $t_0 = 7\pi/\omega_g$) skizziert. Der Verlauf unterscheidet sich optisch nur wenig von der
Impulsantwort des idealen Tiefpasses (Bild 1.6).
Nach Gl. 4.18 ist $g(t_0) = \omega_g(1 - \varepsilon)/\pi$.

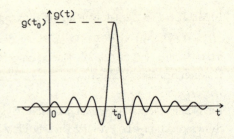

Hinweise:

Der vorliegende Tiefpaß ist ein nichtkausales System, seine Reaktion $g(t)$ auf den Dirac-Impuls
$x(t) = \delta(t)$ beginnt schon bevor dieser eingetroffen ist. Bei hinreichend großer Wahl von t_0 ist
aber $g(t)$ im Bereich $t < 0$ so "klein", so daß er als Modellsystem für einen realen Tiefpaß
verwendet werden kann.

Aufgabe 4.2.4

Das Bild zeigt den Betrag und die Phase eines idealen
Bandpasses. Die Gruppenlaufzeit beträgt $T_g = 0, 2$ ms.
a) Wie groß ist die bei $B(\omega)$ auftretende Konstante t_0?
b) Man ermittle und skizziere die Impulsantwort des
   Bandpasses.

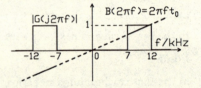

c) Die Systemreaktion auf das Eingangssignal $x(t) = \cos(2\pi f_a t) + 3\cos(2\pi f_b t)$ ist zu berechnen,
   wenn $f_a = 6$ kHz und $f_b = 10$ kHz beträgt.

Lösung

a) Aus der Beziehung $B(\omega) = \omega t_0$ ergibt sich nach Gl 4.6 die Gruppenlaufzeit

$$T_g = B'(\omega) = t_0 = 2 \cdot 10^{-4} \text{ s}.$$

b) Die Impulsantwort des idealen Bandpasses kann nach Gl. 4.27 berechnet werden:

$$g(t) = \frac{2K}{\pi(t - t_0)} \sin[0, 5B(t - t_0)] \cos[\omega_0(t - t_0)].$$

Darin ist $B = 2\pi \cdot 5000$ s^{-1} die Bandbreite und
$\omega_0 = 2\pi \cdot 9500$ s^{-1} die Mittenfrequenz des Bandpasses (siehe Darstellung von $G(j\omega)$ nach Bild
1.9). Mit diesen Werten und $K = 1$ sowie
$t_0 = 2 \cdot 10^{-4}$ s erhält man den rechts skizzierten
Verlauf von $g(t)$.

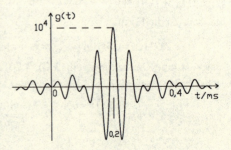

c) Die Teilschwingung von $x(t)$ mit 6 kHz "liegt"
im Sperrbereich und wird nicht übertragen.

Der 2. Summand $x_2(t) = 3\cos(2\pi f_b t)$ mit $f_b = 10$ kHz wird verzerrungsfrei übertragen, d.h.

$$y(t) = K x_2(t - t_0) = 3\cos[2\pi f_b(t - 2\,10^{-4})] = 3\cos(2\pi f_b t - 4\pi) = 3\cos(2\pi f_b t).$$

Aufgabe 4.2.5

Das Bild zeigt die Impulsantwort eines Systems:

$$g(t) = \delta(t - t_0) - \frac{\sin(t - t_0)}{\pi(t - t_0)}.$$

Ermitteln und skizzieren Sie die Übertragungsfunktion. Um was für ein System handelt es sich?

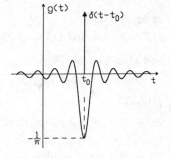

Lösung

Die Ermittlung der Fourier-Transformierten von $g(t)$ wird einfacher, wenn zunächst die Funktion

$$\tilde{g}(t) = \delta(t) - \frac{\sin t}{\pi t}$$

betrachtet wird. Dann gilt nämlich $g(t) = \tilde{g}(t - t_0)$ und $G(j\omega)$ kann mit dem Zeitverschiebungssatz (Gl. 3.10) aus der Fourier-Transformierten $\tilde{G}(j\omega)$ von $\tilde{g}(t)$ berechnet werden. Der 1. Summand $\tilde{g}_1(t) = \delta(t)$ von $\tilde{g}(t)$ hat die Fourier-Transformierte $\tilde{G}_1(j\omega) = 1$. Die Fourier-Transformierte des 2. Summanden von $\tilde{g}(t)$ kann aus der Korrespondenzentabelle (Anhang A.1) entnommen werden. Mit der Korrespondenz ganz unten erhält man

$$\tilde{g}_2(t) = \frac{\sin t}{\pi t} \quad\circ\!\!-\!\!\!-\!\!\!\left\{ \begin{array}{ll} 1 & \text{für } |\omega| < 1 \\ 0 & \text{für } |\omega| > 1 \end{array} \right. = \tilde{G}_2(j\omega).$$

Damit wird

$$\tilde{G}(j\omega) = \tilde{G}_1(j\omega) - \tilde{G}_2(j\omega) = \left\{ \begin{array}{ll} 0 & \text{für } |\omega| < 1 \\ 1 & \text{für } |\omega| > 1 \end{array} \right.$$

und mit dem Zeitverschiebungssatz $G(j\omega) = \tilde{G}(j\omega)e^{-j\omega t_0}$.

Der Betrag $|G(j\omega)| = |\tilde{G}(j\omega)|$ und die Phase $B(\omega) = \omega t_0$ sind rechts aufgetragen. Es handelt sich offenbar um einen idealen Hochpaß mit der Grenzkreisfrequenz $\omega_g = 1$.

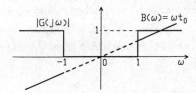

Aufgabengruppe 4.3

Bei den Aufgaben dieser Gruppe werden die Lösungen in kürzerer Form angegeben. Die Aufgaben beziehen sich auf den gesamten Stoff des 4. Lehrbuchabschnittes.

Aufgabe 4.3.1   K

Gegeben ist ein Signal $n(t)$ mit dem nebenstehend skizzierten reellen
Spektrum $N(j\omega)$. Das Signal $n(t)$ soll amplitudenmoduliert werden.
Die (Kreis-) Frequenz ω_0 der Trägerschwingung soll mit der
höchsten im Spektrum von $n(t)$ auftretenden (Kreis-) Frequenz
übereinstimmen.

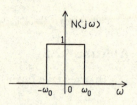

a) Ermitteln und skizzieren Sie das Signal $n(t)$.

b) Geben Sie eine Beziehung für das amplitudenmodulierte Signal $x(t)$ an. Ermitteln und
skizzieren Sie das Spektrum $X(j\omega)$ von $x(t)$.

Lösung

a) Durch Fourier-Rücktransformation von $N(j\omega)$ (siehe
Gl. 3.3 oder Korrespondenzentabelle) erhält man das
rechts skizzierte Signal

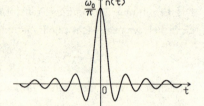

$$n(t) = \frac{\sin(\omega_0 t)}{\pi t}.$$

b) Gemäß Gl. 4.28 hat das amplitudenmodulierte Signal die Form

$$x(t) = A\left\{1 + m\,\frac{\sin(\omega_0 t)}{\pi t}\right\}\cos(\omega_0 t).$$

A ist eine beliebige Konstante, m der Modulationsgrad. Das gerade Signal $x(t)$ hat ein reelles
Spektrum. Nach Gl. 4.29 wird

$$X(j\omega) = A\pi\delta(\omega - \omega_0) + A\pi\delta(\omega + \omega_0) +$$

$$+0,5A\,m\,N(j\omega - j\omega_0) + 0,5A\,m\,N(j\omega + j\omega_0).$$

$X(j\omega)$ entsteht dadurch, daß $N(j\omega)$ um ω_0 nach rechts
und links verschoben (und noch mit $0,5Am$
multipliziert) wird. Durch den Summanden $A\cos(\omega_0 t)$
in $x(t)$ treten zusätzlich Dirac-Anteile auf.

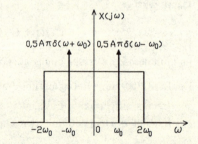

Aufgabe 4.3.2   K

Das Bild zeigt den Betrag und die Phase einer idealen
Bandsperre. Die Gruppenlaufzeit beträgt $T_g = 0,2$ ms.
Zu berechnen ist die Systemreaktion auf das Eingangssignal $x(t) = \cos(2\pi f_a t) + 3\cos(2\pi f_b t)$, wenn $f_a = 6$ kHz
und $f_b = 10$ kHz beträgt.

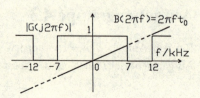

Lösung

Die Teilschwingung von $x(t)$ mit 10 kHz "liegt" im Sperrbereich und wird nicht übertragen. Der 1. Summand $x_1(t) = \cos(2\pi f_a t)$ mit $f_a = 6$ kHz wird verzerrungsfrei übertragen. Mit $t_0 = T_g = 2 \cdot 10^{-4}$ s wird

$$y(t) = K x_1(t - t_0) = \cos[2\pi f_a(t - 2 \cdot 10^{-4})] = \cos(2\pi f_a - 2,4\pi).$$

Aufgabe 4.3.3   K

Das Bild zeigt ein periodisches Eingangssignal für einen idealen Hochpaß. Der linearphasige Hochpaß hat eine Grenzfrequenz von $f_g = 100$ Hz und die Gruppenlaufzeit $T_g = 1$ ms. Im Durchlaßbereich hat er die Dämpfung 0. Ermitteln und skizzieren Sie die Systemreaktion $y(t)$.

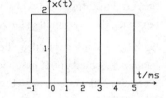

Lösung

Das Signal $x(t)$ kann in eine Fourier-Reihe entwickelt werden (siehe auch Aufgabe 4.2.1). Dabei hat die Grundschwingung die Frequenz $f_0 = 250$ Hz. Der Gleichanteil von $x(t)$ hat den Wert 1.

Da der Hochpaß eine Grenzfrequenz von $f_g = 100$ Hz hat, wird nur der Gleichanteil unterdrückt, die Grundschwingung und alle "Oberwellen" werden verzerrungsfrei übertragen. Mit $K = 1$ (Dämpfung 0 im Durchlaßbereich) und $t_0 = T_g = 1$ ms gilt formal

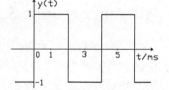

$$y(t) = x(t - T_g) - 1.$$

Diese Systemreaktion ist rechts skizziert.

Aufgabe 4.3.4   K

Gegeben ist ein idealer Bandpaß mit einem Durchlaßbereich von 100 Hz bis 300 Hz. Der Betrag der Übertragungsfunktion hat im Durchlaßbereich den Wert 1, die Gruppenlaufzeit beträgt 1 ms. Das periodische Eingangssignal $x(t)$ entspricht dem bei der Aufgabe 4.3.3. Die Systemreaktion $y(t)$ ist zu ermitteln.

Lösung

Das Signal $x(t)$ kann in eine Fourier-Reihe entwickelt werden (siehe auch Aufgabe 4.2.1)

$$x(t) = 1 + \frac{4}{\pi}\cos(\omega_0 t) - \frac{4}{3\pi}\cos(3\omega_0 t) + \frac{4}{5\pi}\cos(5\omega_0 t) - + \ldots, \quad \omega_0 = 2\pi f_0 \text{ mit } f_0 = 1/T = 250 \text{ Hz}.$$

Der Bandpaß überträgt nur die Grundschwingung mit 250 Hz:

$$y(t) = \frac{4}{\pi}\cos[\omega_0(t - T_g)] = \frac{4}{\pi}\cos(\omega_0 t - 2\pi 250 \cdot 0,001) = \frac{4}{\pi}\cos(\omega_0 t - \pi/2).$$

5 Die Laplace-Transformation und Anwendungen

Die Beispiele dieses Abschnittes beziehen sich auf den 5. (bei den älteren Auflagen 4.) Abschnitt des Lehrbuches. Sie sind in drei Gruppen unterteilt. Die Aufgabengruppe 5.1 enthält sechs Beispiele zur Berechnung und zur Rücktransformation von Laplace-Transformierten. Bei den sechs Aufgaben im Abschnitt 5.2 sind Systemreaktionen mit Hilfe der Laplace-Transformation zu berechnen, wobei stets die Beziehung $Y(s) = G(s)X(s)$ angewandt wird. Schließlich enthält die Aufgabengruppe 5.3 sechs weitere Beispiele, die sich auf den gesamten Stoff beziehen und bei denen die Lösungen in kürzerer Form mit weniger Erklärungen angegeben werden.

Dem Leser wird empfohlen, die mit "E" gekennzeichneten Aufgaben zuerst zu bearbeiten. Es handelt sich hierbei um besonders charakteristische Aufgaben mit detaillierten Lösungen und oft auch noch zusätzlichen Hinweisen. Die Bezeichnung "K" bedeutet, daß die Lösungen nur in einer Kurzform angegeben sind. Die wichtigsten zur Lösung der Aufgaben erforderlichen Gleichungen sind im Abschnitt 1.5 zusammengestellt.

Aufgabengruppe 5.1

Die Aufgaben dieser Gruppe beziehen sich auf die Berechnung und die Rücktransformation von Laplace-Transformierten. Dabei wird auch der Zusammenhang mit der Fourier-Transformation behandelt.

Aufgabe 5.1.1   E

Gegeben ist die Funktion $f(t) = s(t)e^{-at}\cos(\omega_0 t)$.

a) Berechnen Sie die Laplace-Transformierte $F(s)$.

b) Skizzieren Sie $f(t)$ und das PN-Schema von $F(s)$ im Fall $a < 0$, $a = 0$ und $a > 0$. Wie lauten in diesen drei Fällen die Fourier-Transformierten $F(j\omega)$ von $f(t)$?

c) Geben Sie alle Sonderfälle der Funktion $f(t)$ mit ihren Laplace-Transformierten an.

Lösung

a) Mit der Beziehung $\cos x = 0,5e^{jx} + 0,5e^{-jx}$ erhält man für $f(t)$ die Form

$$f(t) = 0,5s(t)e^{-at}e^{j\omega_0 t} + 0,5s(t)e^{-at}e^{-j\omega_0 t}.$$

Dieser Ausdruck wird in die Definitionsgleichung 5.1 für $F(s)$ eingesetzt:

$$F(s) = \int_{0-}^{\infty} f(t)e^{-st}dt = \int_{0}^{\infty} \left\{ 0,5e^{-at}e^{j\omega_0 t} + 0,5e^{-at}e^{-j\omega_0 t} \right\} e^{-st}dt =$$

$$= 0,5 \int_{0}^{\infty} e^{-t(a+s-j\omega_0)}dt + 0,5 \int_{0}^{\infty} e^{-t(a+s+j\omega_0)}dt =$$

$$= \frac{-0,5}{a+s-j\omega_0} e^{-t(a+s-j\omega_0)} \Big|_{0}^{\infty} + \frac{-0,5}{a+s+j\omega_0} e^{-t(a+s+j\omega_0)} \Big|_{0}^{\infty}.$$

Dabei wurde die Eigenschaft $s(t) = 1$ für $t > 0$ berücksichtigt. Ersetzt man in den Exponenten s durch $\sigma + j\omega$, so erhält man weiter

$$F(s) = \frac{-0,5}{a+s-j\omega_0} e^{-t(a+\sigma+j\omega-j\omega_0)} \Big|_{0}^{\infty} + \frac{-0,5}{a+s+j\omega_0} e^{-t(a+\sigma+j\omega+j\omega_0)} \Big|_{0}^{\infty} =$$

$$= \left[-0,5e^{-t(a+\sigma)} \left\{ \frac{1}{a+s-j\omega_0} e^{-jt(\omega-\omega_0)} + \frac{1}{a+s+j\omega_0} e^{-jt(\omega+\omega_0)} \right\} \right]_{0}^{\infty}.$$

Man erkennt, daß eine Auswertung dieses Ausdruckes an der oberen Grenze $t = \infty$ nur im Fall $a + \sigma > 0$ möglich ist, bei $a + \sigma < 0$ würde mit $e^{-t(a+\sigma)}$ eine ansteigende Exponentialfunktion vorliegen, die für $t \to \infty$ unendlich groß würde. Damit wird

$$F(s) = 0,5 \left\{ \frac{1}{a+s-j\omega_0} + \frac{1}{a+s+j\omega_0} \right\} = \frac{a+s}{(a+s)^2 + \omega_0^2}, \quad a+\sigma > 0, \text{ d.h. } \sigma = \text{Re}\, s > -a.$$

Ergebnis (siehe auch Tabelle im Anhang A.2):

$$s(t)e^{-at}\cos(\omega_0 t) \;\circ\!\!-\!\!-\!\!\bullet\; \frac{s+a}{(s+a)^2 + \omega_0^2}, \quad \text{Re}\, s > -a.$$

Der Bereich $\text{Re}\, s > -a$ ist der Konvergenzbereich der Laplace-Transformierten. Nur für Werte von s, die in diesem Bereich liegen, besteht zwischen $f(t)$ und $F(s)$ der durch die Gln. 5.1 angegebene Zusammenhang.

b) Das Bild zeigt die Funktion $f(t)$ für die Fälle $a < 0$, $a = 0$ und $a > 0$ und darunter die zugehörenden PN-Schemata in denen die Konvergenzbereiche schraffiert dargestellt sind. Die Konvergenzbereiche werden durch die Polstellen von $F(s)$ bei $s_{\infty 1,2} = -a \pm j\omega_0$ begrenzt. Bei $s = -a$ hat $F(s)$ eine Nullstelle.

Im Fall $a < 0$ (Bild links) liegt die $j\omega$-Achse nicht im Konvergenzbereich von $F(s)$. Damit existiert für $f(t)$ in diesem Fall keine Fourier-Transformierte. Im Fall $a > 0$ (Bild rechts) liegt die $j\omega$-Achse innerhalb des Konvergenzbereiches und dies bedeutet $F(j\omega) = F(s = j\omega)$, die Variable s ist lediglich durch $j\omega$ zu ersetzen. Der Fall $a = 0$ (Bildmitte) ist am schwierigsten, da die $j\omega$-Achse die Begrenzung des Konvergenzbereiches bildet und keine generellen Aussagen möglich sind. Wir können hier die Fourier-Transformierte aus der Korrespondenzentabelle im Anhang A.1 entnehmen, sie unterscheidet sich von $F(s = j\omega)$ durch zusätzlich auftretende Dirac-Impulse. Die Fourier-Transformierten sind unten angegeben.

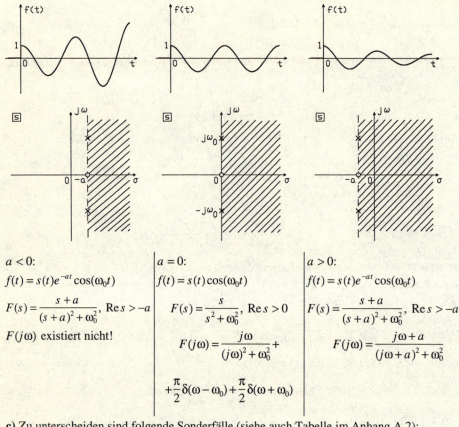

$a < 0$:

$f(t) = s(t)e^{-at}\cos(\omega_0 t)$

$F(s) = \dfrac{s+a}{(s+a)^2 + \omega_0^2}$, $\operatorname{Re} s > -a$

$F(j\omega)$ existiert nicht!

$a = 0$:

$f(t) = s(t)\cos(\omega_0 t)$

$F(s) = \dfrac{s}{s^2 + \omega_0^2}$, $\operatorname{Re} s > 0$

$F(j\omega) = \dfrac{j\omega}{(j\omega)^2 + \omega_0^2} +$

$+ \dfrac{\pi}{2}\delta(\omega - \omega_0) + \dfrac{\pi}{2}\delta(\omega + \omega_0)$

$a > 0$:

$f(t) = s(t)e^{-at}\cos(\omega_0 t)$

$F(s) = \dfrac{s+a}{(s+a)^2 + \omega_0^2}$, $\operatorname{Re} s > -a$

$F(j\omega) = \dfrac{j\omega + a}{(j\omega + a)^2 + \omega_0^2}$

c) Zu unterscheiden sind folgende Sonderfälle (siehe auch Tabelle im Anhang A.2):

$a = 0$, $\omega_0 \neq 0$: $s(t)\cos(\omega_0 t)\; \circ\!\!-\!\!-\; \dfrac{s}{s^2 + \omega_0^2}$, $\operatorname{Re} s > 0$,

$a \neq 0$, $\omega_0 = 0$: $s(t)e^{-at}\; \circ\!\!-\!\!-\; \dfrac{1}{s+a}$, $\operatorname{Re} s > -a$,

$a = 0$, $\omega_0 = 0$: $s(t)\; \circ\!\!-\!\!-\; \dfrac{1}{s}$ $\operatorname{Re} s > 0$.

Aufgabe 5.1.2

Gegeben ist die rechts skizzierte Funktion

$$f(t) = s(t)\sin^2(\omega_0 t), \; \omega_0 = 2\pi/T.$$

a) Ermitteln Sie die Laplace-Transformierte von $f(t)$.

b) Ermitteln und skizzieren Sie das PN-Schema von $F(s)$.

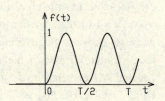

Lösung

a) Mit $\sin^2 x = 0,5 - 0,5\cos(2x)$ erhält man

$$f(t) = s(t)\sin^2(\omega_0 t) = 0,5s(t) - 0,5s(t)\cos(2\omega_0 t).$$

Für die beiden Summanden können die Korrespondenzen aus der Tabelle im Anhang A.2 entnommen werden, man erhält

$$F(s) = \frac{0,5}{s} - \frac{0,5s}{4\omega_0^2 + s^2}, \quad \mathrm{Re}\,s > 0.$$

b) Aus dem oben angegebenen Ausdruck für $F(s)$ erkennt man

unmittelbar, daß Pole bei $s_{\infty 1} = 0$ und $s_{\infty 2,3} = \pm 2j\omega_0$ auftreten.
Zur Ermittlung der Nullstellen wird $F(s)$ folgendermaßen umgeformt

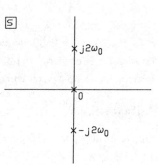

$$F(s) = \frac{0,5}{s} - \frac{0,5s}{4\omega_0^2 + s^2} = \frac{2\omega_0^2}{s(4\omega_0^2 + s^2)}.$$

Nun ist erkennbar, daß $F(s)$ nullstellenfrei ist. Das PN-Schema ist rechts skizziert.

Hinweise:

1. Der Konvergenzbereich liegt rechts von den Polstellen mit dem größten Realteil, hier also bei $\mathrm{Re}\,s > 0$. Dies bestätigt das in der Frage a aus der Korrespondenzentabelle entnommene Ergebnis.

2. Im vorliegenden Fall begrenzt die imaginäre Achse den Konvergenzbereich. Daher kann die Fourier-Transformierte für $f(t)$ nicht ohne weiteres angegeben werden. In der Aufgabe 3.1.3 wurde diese Fourier-Transformierte ermittelt.

✓Aufgabe 5.1.3   E

Für das rechts skizzierte Signal ist die Laplace- Transformierte zu berechnen.

Lösung

Mit der Definitionsgleichung 5.1 erhält man

$$F(s) = \int_{0-}^{\infty} f(t)e^{-st}dt = \int_0^T Be^{-st}dt + \int_T^{2T} 2Be^{-st}dt =$$

$$= \frac{-B}{s}e^{-st}\Big|_0^T + \frac{-2B}{s}e^{-st}\Big|_T^{2T} = \frac{B}{s}(1 - e^{-sT}) + \frac{2B}{s}(e^{-sT} - e^{-2sT}),$$

$$F(s) = \frac{B}{s}(1 - e^{-sT}) + \frac{2B}{s}(e^{-sT} - e^{-2sT}) = \frac{B}{s}(1 + e^{-sT} - 2e^{-2sT}), \text{ s beliebig}.$$

Hinweise:

1. Der Konvergenzbereich ist hier die gesamte s-Ebene, denn das Integral war ohne jede Einschränkung für beliebige Werte von s lösbar. Aus der Form von $F(s)$ könnte man annehmen, daß $F(s)$ bei $s = 0$ eine Polstelle besitzt. Dies ist jedoch nicht der Fall, es gilt (Anwendung der Regel von l'Hospital) $F(0) = 3BT$. Ein Pol bei 0 würde auch im Widerspruch zu der Aussage über den Konvergenzbereich stehen.

2. Im vorliegenden Fall kann $f(t)$ mit Hilfe der Sprungfunktion in geschlossener Form dargestellt werden: $f(t) = Bs(t) + Bs(t-T) - 2Bs(t-2T)$. Aus dieser Form erhält man mit der Korrespondenz $s(t)$ O— $1/s$ und dem Zeitverschiebungssatz (Gl. 5.4) ebenfalls $F(s)$.

3. Im vorliegenden Fall liegt die $j\omega$-Achse im Konvergenzbereich. Dies bedeutet, daß man die Fourier-Transformierte $F(j\omega)$ von $f(t)$ einfach dadurch erhält, daß in der Laplace-Transformierten $s = j\omega$ gesetzt wird (siehe hierzu auch Aufgabe 3.1.5).

Aufgabe 5.1.4

Für das rechts skizzierte Signal ist die Laplace-Transformierte zu berechnen.

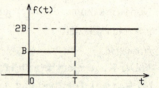

Lösung

Mit der Definitionsgleichung 5.1 erhält man

$$F(s) = \int_{0-}^{\infty} f(t)e^{-st}dt = \int_{0}^{T} Be^{-st}dt + \int_{T}^{\infty} 2Be^{-st}dt =$$

$$= \frac{-B}{s}e^{-st}\bigg|_{0}^{T} + \frac{-2B}{s}e^{-st}\bigg|_{T}^{\infty} = \frac{B}{s}(1-e^{-sT}) + \frac{2B}{s}e^{-sT} = \frac{B}{s}(1+e^{-sT}), \ \text{Re } s > 0.$$

Das ganz rechts stehende Integral konvergiert nur bei Werten mit $\text{Re } s > 0$. Dies erkennt man, wenn im Exponenten $s = \sigma + j\omega$ gesetzt wird. Dann hat e^{-st} die Form $e^{-(\sigma+j\omega)t} = e^{-\sigma t}e^{-j\omega t}$. Im Fall $\sigma = \text{Re } s < 0$ würde dieser Ausdruck an der oberen Grenze unendlich groß werden. $F(s)$ hat bei $s = 0$ eine Polstelle, dies bestätigt die Aussage über den Konvergenzbereich $\text{Re } s > 0$.

Aufgabe 5.1.5

Die Laplace-Transformierte eines Signales $f(t)$ lautet

$$F(s) = \frac{s-1}{(s+1)^2}.$$

a) Das PN-Schema von $F(s)$ ist zu zeichnen und der Konvergenzbereich anzugeben.

b) Ermitteln Sie die Fourier-Transformierte für das Signal $f(t)$.

c) $F(s)$ ist in Partialbrüche zu entwickeln und $f(t)$ zu ermitteln.

Lösung

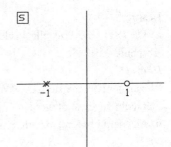

a) Das PN-Schema ist rechts skizziert. Bei $s = -1$ liegt eine doppelte Polstelle, bei $s = 1$ eine Nullstelle. Konvergenzbereich: $\operatorname{Re} s > -1$, er wird durch die Polstelle mit dem größten Realteil begrenzt.

b) Die $j\omega$-Achse liegt im Konvergenzbereich der Laplace-Transformierten, daher

$$F(j\omega) = F(s = j\omega) = \frac{j\omega - 1}{(j\omega + 1)^2}.$$

c) $F(s)$ ist eine echt gebrochen rationale Funktion, daher

$$F(s) = \frac{s-1}{(s+1)^2} = \frac{A_1}{s+1} + \frac{A_2}{(s+1)^2}.$$

$$A_1 = \frac{d}{ds}\{F(s)(s+1)^2\}_{s=-1} = \frac{d}{ds}\{s-1\}_{s=-1} = 1, \quad \text{Gl. 5.16, Fall } k = 2, \mu = 1,$$

$$A_2 = \{F(s)(s+1)^2\}_{s=-1} = \{s-1\}_{s=-1} = -2, \quad \text{Gl. 5.16, Fall } k = 2, \mu = 2.$$

Ergebnis der Partialbruchentwicklung

$$F(s) = \frac{1}{s+1} - \frac{2}{(s+1)^2}.$$

Zur Rücktransformation kann die Korrespondenz (siehe Anhang A.2)

$$s(t)\frac{t^n}{n!}e^{-at} \;\circ\!\!-\!\!\!-\!\!\bullet\; \frac{1}{(s+a)^{n+1}}$$

mit $a = 1$ und $n = 0$ bzw. $n = 1$ verwendet werden. Dann erhält man

$$f(t) = s(t)e^{-t} - 2s(t)te^{-t}.$$

√ Aufgabe 5.1.6

Das Bild zeigt das PN-Schema der Laplace-Transformierten eines Signales $f(t)$.

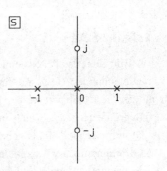

a) Wie verhält sich $f(t)$ für $t \to \infty$?

b) Ermitteln Sie $F(s)$, wo liegt der Konvergenzbereich?

c) Begründen Sie, daß für das Signal $f(t)$ keine Fourier-Transformierte existiert.

d) $F(s)$ ist in Partialbrüche zu entwickeln und $f(t)$ zu bestimmen.

Lösung

a) Da $F(s)$ eine Polstelle in der rechten s-Halbebene hat, gilt $|f(t)| \to \infty$ für $t \to \infty$ (siehe Abschnitt 1.5).

Hinweis:

Wegen der Nichtexistenz des Wertes $f(\infty)$ kann das Endwerttheorem (Gl. 5.9) im vorliegenden Fall nicht angewandt werden.

b) Aus dem PN-Schema erhält man

$$F(s) = K \frac{(s-j)(s+j)}{s(s-1)(s+1)} = K \frac{s^2+1}{s(s-1)(s+1)},$$

wobei K eine beliebige Konstante ist. Der Konvergenzbereich liegt rechts von dem Pol mit dem größten Realteil, d.h. $\mathrm{Re}\, s > 1$.

c) Die imaginäre Achse liegt außerhalb des Konvergenzbereiches von $F(s)$, daher existiert keine Fourier-Transformierte für das Signal $f(t)$.

d) Gemäß den Gln. 5.11, 5.12 erhält man

$$F(s) = K \frac{s^2+1}{s(s-1)(s+1)} = \frac{A_1}{s} + \frac{A_2}{s-1} + \frac{A_3}{s+1}$$

mit $A_1 = \{F(s)s\}_{s=0} = -K,\quad A_2 = \{F(s)(s-1)\}_{s=1} = K,\quad A_3 = \{F(s)(s+1)\}_{s=-1} = K.$

Nach Gl. 5.13 bzw. den Korrespondenzen $1/s$ —O $s(t)$ und $1/(s+a)$ O— $s(t)e^{-at}$ wird

$$F(s) = \frac{-K}{s} + \frac{K}{s-1} + \frac{K}{s+1},\quad f(t) = -Ks(t) + Ks(t)e^t + Ks(t)e^{-t}.$$

Aus diesem Ergebnis bestätigt sich die Aussage nach Frage a: $|f(t)| \to \infty$ für $t \to \infty$.

Aufgabengruppe 5.2

Bei den Aufgaben dieser Gruppe werden Systemreaktionen mit der Laplace-Transformation berechnet, wobei stets die Beziehung $Y(s) = G(s)X(s)$ angewandt wird.

Aufgabe 5.2.1   E

Das Bild zeigt das PN-Schema einer Übertragungsfunktion $G(s)$ und eine Schaltung mit der diese realisiert werden kann.

a) Begründen Sie, daß es sich um ein stabiles System handelt und geben Sie eine Gleichung für $G(s)$ an. Die frei wählbare Konstante ist widerspruchsfrei zu der angegebenen Schaltung festzulegen.

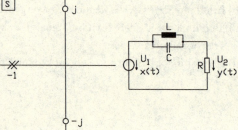

b) Ermitteln und skizzieren Sie den Betrag $| G(j\omega) |$ der Übertragungsfunktion.

c) Dimensionieren Sie die Schaltung so, daß das PN-Schema realisiert wird.

d) Berechnen und skizzieren Sie die Impulsantwort der Schaltung.

e) Berechnen Sie die Systemreaktion auf das Eingangssignal $x(t) = s(t)\sin t$.

Lösung

a) Das System ist stabil, weil die Pole von $G(s)$ alle in der linken s-Halbebene liegen und der Zählergrad $m = 2$ nicht größer als der Nennergrad $n = 2$ ist. Aus dem PN-Schema erhält man

$$G(s) = K\frac{(s-j)(s+j)}{(s+1)^2} = K\frac{s^2+1}{(s+1)^2}.$$

Aus der Schaltung erkennt man, daß die Übertragungsfunktion $G(j\omega) = U_2/U_1$ bei $f = 0$ den Wert 1 hat. $G(s)$ hat bei $s = 0$ den Wert $G(0) = K$, also wird $K = 1$ und

$$G(s) = \frac{s^2+1}{(s+1)^2}.$$

b) Mit $s = j\omega$ erhält man aus $G(s)$

$$G(j\omega) = \frac{1-\omega^2}{(1+j\omega)^2}$$

und daraus ("Betrag des Zählers durch Betrag des Nenners")

$$| G(j\omega) | = \frac{| 1-\omega^2 |}{1+\omega^2}.$$

Diese Funktion ist rechts skizziert. Bei $\omega = 1$ ist $| G(j1) | = 0$, dies ist auch aus dem PN-Schema erkennbar, weil dort bei $s = j$ eine Nullstelle von $G(s)$ auftritt. Die Nullstelle im PN-Schema bei $s = -j$ ist aus dem Verlauf von $| G(j\omega) |$ nicht erkennbar, weil diese Funktion nur über positive Frequenzwerte aufgetragen ist. Bei der Schaltung muß der Parallelschwingkreis

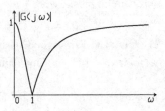

eine Resonanzfrequenz $\omega_r = 1$ aufweisen, weil dadurch eine Übertragungsnullstelle bei $\omega = 1$ entsteht.

c) Nach einigen elementaren Zwischenrechnungen erhält man für die oben skizzierte Schaltung die Übertragungsfunktion

$$G(j\omega) = \frac{U_2}{U_1} = \frac{1/(LC) + (j\omega)^2}{1/(LC) + j\omega/(RC) + (j\omega)^2}.$$

Daraus folgt mit $j\omega = s$ und der unter Punkt a aus dem PN-Schema ermittelten Übertragungsfunktion

$$G(s) = \frac{1/(LC) + s^2}{1/(LC) + s/(RC) + s^2} = \frac{1+s^2}{(1+s)^2} = \frac{1+s^2}{1+2s+s^2}.$$

Ein Koeffizientenvergleich liefert die Bedingungen $1/(LC)=1$ und $1/(RC)=2$, die z.B. durch die Werte $L=1$, $C=1$ und $R=0,5$ erfüllt werden.

d) Die Impulsantwort ist die Laplace-Rücktransformierte von $G(s)$. Da $G(s)$ nicht echt gebrochen rational ist, muß zunächst eine Konstante "abgespaltet" werden. Wir führen hier keine Polynomdivision durch, sondern schreiben

$$G(s)=\frac{1+s^2}{(1+s)^2}=\frac{(1+s)^2-2s}{(1+s)^2}=1-\frac{2s}{(1+s)^2}=1+\tilde{G}(s).$$

Die gebrochen rationale Funktion $\tilde{G}(s)$ wird in Partialbrüche zerlegt:

$$\tilde{G}(s)=\frac{-2s}{(1+s)^2}=\frac{A_1}{s+1}+\frac{A_2}{(s+1)^2}.$$

Die Residuen werden nach der Gl. 5.16 ermittelt

$$A_1=\frac{d}{ds}\{\tilde{G}(s)(s+1)^2\}_{s=-1}=\frac{d}{ds}\{-2s\}_{s=-1}=-2,\quad \text{Fall } \mu=1,k=2,$$

$$A_2=\{\tilde{G}(s)(s+1)^2\}_{s=-1}=\{-2s\}_{s=-1}=2,\quad \text{Fall } \mu=2,k=2.$$

Mit diesen Ergebnissen wird

$$G(s)=1-\frac{2}{s+1}+\frac{2}{(s+1)^2}.$$

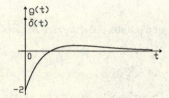

Die Rücktransformation erfolgt mit Hilfe der im Anhang A.2 angegebenen Korrespondenzen, wir erhalten die rechts skizzierte Impulsantwort

$$g(t)=\delta(t)-2s(t)e^{-t}+2s(t)te^{-t}.$$

e) Aus der Korrespondenzentabelle im Anhang A.2 findet man die Korrespondenz $s(t)\sin t$ O— $1/(1+s^2)$ und damit

$$Y(s)=G(s)X(s)=\frac{1+s^2}{(s+1)^2}\cdot\frac{1}{1+s^2}=\frac{1}{(s+1)^2}.$$

$Y(s)$ kann unmittelbar zurücktransformiert werden, man erhält die Systemreaktion

$$y(t)=s(t)te^{-t}.$$

Für große Werte gilt $y(t)\to 0$. Dies muß auch so sein, weil die angelegte Sinusspannung mit der Frequenz $\omega=1$ im eingeschwungenen Zustand durch den Parallelschwingkreis in der Schaltung "gesperrt" wird.

Aufgabe 5.2.2

Das Bild zeigt das PN-Schema der Übertragungsfunktion eines sogenannten Potenz-
tiefpasses 3. Grades und eine mögliche
Realisierungsschaltung mit ihren (normierten) Bauelementewerten.

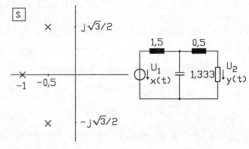

a) Ist das System stabil? Ermitteln Sie $G(s)$ und wählen Sie die Konstante widerspruchsfrei zu
   der Schaltung.

b) Ermitteln und skizzieren Sie den Verlauf von $|G(j\omega)|$.

c) Berechnen und skizzieren Sie die Sprungantwort des Tiefpasses.

d) Die Schaltung ist zu entnormieren, Bezugswiderstand 1000 Ohm, Bezugsfrequenz 10000 Hz.
   Wie sieht der Verlauf von $|G(j\omega)|$ und $h(t)$ der entnormierten Schaltung aus?

Lösung

a) Das System ist stabil, weil die Pole in der linken s-Halbebene liegen und der Zählergrad
$m = 0$ nicht größer als der Nennergrad $n = 3$ ist. Aus der Schaltung ist erkennbar, daß die
Übertragungsfunktion U_2/U_1 bei $\omega = 0$ den Wert 1 hat. Mit dieser Bedingung $G(0) = 1$ erhält
man aus dem PN-Schema

$$G(s) = \frac{1}{(s+1)(s+0,5-j\sqrt{3}/2)(s+0,5+j\sqrt{3}/2)} = \frac{1}{(s+1)(s^2+s+1)} = \frac{1}{1+2s+2s^2+s^3}.$$

b) Mit $s = j\omega$ wird zunächst

$$G(j\omega) = \frac{1}{1+2j\omega+2(j\omega)^2+(j\omega)^3} = \frac{1}{1-2\omega^2+j\omega(2-\omega^2)}$$

und daraus (nach elementarer Zwischenrechnung)

$$|G(j\omega)| = \frac{1}{\sqrt{(1-2\omega^2)^2+\omega^2(2-\omega^2)^2}} = \frac{1}{\sqrt{1+\omega^6}}.$$

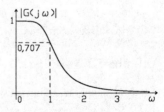

Dieser Betragsverlauf ist rechts skizziert. Bei der (normierten)
Grenzfrequenz $\omega = 1$ ist $|G| = 1/\sqrt{2} = 0,707$, dies entspricht
einer Dämpfung von $A = 20\lg|G| = 3,01$ dB.

c) Die Sprungantwort ist die Systemreaktion auf $x(t) = s(t)$. Mit der Korrespondenz $s(t)\ \text{O——}\ 1/s$
wird dann

$$Y(s) = X(s)G(s) = \frac{1}{s(s+1)(s+0,5-j\sqrt{3}/2)(s+0,5+j\sqrt{3}/2)} =$$

$$= \frac{A_1}{s} + \frac{A_2}{s+1} + \frac{A_3}{s+0,5-j\sqrt{3}/2} + \frac{A_4}{s+0,5+j\sqrt{3}/2}.$$

Für die Residuen erhält man nach Gl. 5.12

$$A_1 = \{Y(s)s\}_{s=0} = 1, \quad A_2 = \{Y(s)(s+1)\}_{s=-1} = -1,$$

$$A_3 = \{Y(s)(s+0,5-j\sqrt{3}/2)\}_{s=-0,5+j\sqrt{3}/2} = -1/(j\sqrt{3}), \quad A_4 = A^*_3 = 1/(j\sqrt{3}).$$

Die Rücktransformation führt (unter Beachtung von $e^{jx} - e^{-jx} = 2j\sin x$) zur Sprungantwort

$$y(t) = h(t) = s(t) - s(t)e^{-t} - \frac{1}{j\sqrt{3}}s(t)e^{(-0,5+j\sqrt{3}/2)t} + \frac{1}{j\sqrt{3}}s(t)e^{(-0,5-j\sqrt{3}/2)t} =$$

$$= s(t) - s(t)e^{-t} - \frac{1}{j\sqrt{3}}s(t)e^{-0,5t}(e^{j\sqrt{3}/2)t} - e^{-j\sqrt{3}/2)t}) = s(t) - s(t)e^{-t} - \frac{2}{\sqrt{3}}s(t)e^{-0,5t}\sin(t\sqrt{3}/2).$$

Die Sprungantwort ist rechts skizziert.

d) Aus der Tabelle 1.1 im Abschnitt 1.1 entnimmt man die Beziehungen $R_n = R_w/R_b$, $L_n = \omega_b L_w/R_b$ und $C_n = \omega_b C_w R_b$. Der Bezugswiderstand hat den Wert $R_b = 1000$ Ohm und die Bezugskreisfrequenz beträgt $\omega_b = 2\pi 10000 \text{ s}^{-1}$.

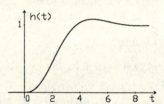

In der Schaltung sind die normierten Bauelementewerte $L_{1n} = 1,5$, $L_{2n} = 0,5$, $C_n = 1,333$, $R_n = 1$ angegeben. Aus den oben angegebenen Beziehungen erhält man dann die wirklichen Bauelementewerte $L_{1w} = 23,87$ mH, $L_{2w} = 7,958$ mH, $C_w = 21,22$ nF, $R_w = 1000$ Ohm.

Den Verlauf der Übertragungsfunktion der wirklichen Schaltung erhält man durch eine Umskalierung der ω-Achse. An die Stelle von $\omega = 1$ ist die Frequenz 10000 Hz (oder auch die Kreisfrequenz $2\pi 10000 \text{ s}^{-1}$ zu schreiben. Bei der Sprungantwort ist eine Umskalierung der Zeitachse vorzunehmen. Die dort angegebenen normierten Zeitwerte sind mit der Bezugszeit $t_b = 1/\omega_b = 15,915\ \mu\text{s}$ zu multiplizieren. An die im Bild eingetragene Stelle $t_n = 2$ ist also der Wert 31,83 µs zu schreiben.

Aufgabe 5.2.3

Das Bild zeigt die Impulsantwort $g(t) = 0,5\delta(t) + s(t)e^{-2t}$ eines Systems. Unter Verwendung der Beziehung $Y(s) = G(s)X(s)$ soll die Systemreaktion auf das Eingangssignal $x(t) = s(t)\hat{x}\sin(\omega t)$ berechnet werden.

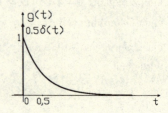

Lösung

Mit den Korrespondenzen im Anhang A.2 erhält man

$$G(s) = 0,5 + \frac{1}{2+s} = \frac{2+0,5s}{s+2}, \quad X(s) = \frac{\hat{x}\omega}{s^2+\omega^2} = \frac{\hat{x}\omega}{(s-j\omega)(s+j\omega)}$$

und damit

$$Y(s) = G(s)X(s) = \frac{(2+0,5s)\hat{x}\omega}{(s+2)(s-j\omega)(s+j\omega)} = \frac{A_1}{s+2} + \frac{A_2}{s-j\omega} + \frac{A_3}{s+j\omega}.$$

Ermittlung der Residuen nach Gl. 5.12:

$$A_1 = \{Y(s)(s+2)\}_{s=-2} = \frac{\hat{x}\omega}{4+\omega^2},$$

$$A_2 = \{Y(s)(s-j\omega)\}_{s=j\omega} = \frac{\hat{x}(2+0,5j\omega)}{(2+j\omega)2j}, \quad A_3 = \{Y(s)(s+j\omega)\}_{s=-j\omega} = \frac{-\hat{x}(2-0,5j\omega)}{(2-j\omega)2j} = A*_2.$$

Rücktransformation (Korrespondenzen im Anhang A.2):

$$y(t) = s(t)A_1 e^{-2t} + s(t)A_2 e^{j\omega t} + s(t)A_3 e^{-j\omega t}.$$

Die beiden letzten Summanden lassen sich zusammenfassen

$$s(t)\{A_2 e^{j\omega t} + A_3 e^{-j\omega t}\} = s(t)\frac{\hat{x}}{2j}\left\{ \frac{2+0,5j\omega}{2+j\omega}e^{j\omega t} - \frac{2-0,5j\omega}{2-j\omega}e^{-j\omega t}\right\} =$$

$$s(t)\frac{\hat{x}}{2j}\frac{1}{4+\omega^2}\{(2+0,5j\omega)(2-j\omega)e^{j\omega t} - (2-0,5j\omega)(2+j\omega)e^{-j\omega t}\} =$$

$$= s(t)\frac{\hat{x}}{2j}\frac{1}{4+\omega^2}\{(4+0,5\omega^2)(e^{j\omega t}-e^{-j\omega t}) - j\omega(e^{j\omega t}+e^{-j\omega t})\} =$$

$$= s(t)\frac{\hat{x}}{2j}\frac{1}{4+\omega^2}\{(4+0,5\omega^2)2j\sin(\omega t) - j\omega 2\cos(\omega t)\} =$$

$$= s(t)\frac{\hat{x}}{4+\omega^2}\{(4+0,5\omega^2)\sin(\omega t) - \omega\cos(\omega t)\}.$$

Gesamtergebnis (siehe auch Aufgabe 2.3.2):

$$y(t) = s(t)\frac{\hat{x}}{4+\omega^2}\{(4+0,5\omega^2)\sin(\omega t) - \omega\cos(\omega t)\} + s(t)\frac{\hat{x}\omega}{4+\omega^2}e^{-2t}.$$

Aufgabe 5.2.4

Das Bild zeigt eine Schaltung mit einem Ein- und Ausgangssignal. Unter Verwendung der Beziehung $Y(s) = G(s)X(s)$ soll die Systemreaktion auf $x(t) = s(t)kt$ berechnet werden. $y(t)$ ist zu skizzieren.

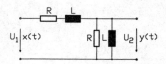

Lösung

Mit der komplexen Rechnung erhält man die Übertragungsfunktion

$$G(j\omega) = \frac{j\omega R/L}{R^2/L^2 + j\omega 3R/L + (j\omega)^2} \quad \text{bzw.} \quad G(s) = \frac{sR/L}{R^2/L^2 + s3R/L + s^2}.$$

Das Nennerpolynom von $G(s)$ hat Nullstellen bei

$$s_{\infty 1,2} = -3R/(2L) \pm \sqrt{9R^2/(4L^2) - R^2/L^2} = -3R/(2L) \pm \sqrt{5/4}\, R/L = \begin{cases} -0,382R/L \\ -2,618R/L \end{cases}.$$

Mit diesen Nennernullstellen von $G(s)$ und $X(s) = k/s^2$ (siehe Tabelle im Anhang A.2) wird

$$Y(s) = G(s)X(s) = \frac{kR/L}{s(s + 0,382R/L)(s + 2,618R/L)} = \frac{A_1}{s} + \frac{A_2}{s + 0,382R/L} + \frac{A_3}{s + 2,618R/L}.$$

Berechnung der Residuen nach Gl. 5.12:

$$A_1 = \{Y(s)s\}_{s=0} = k\,L/R,$$
$$A_2 = \{Y(s)(s + 0,318R/L)\}_{s=-0,318R/L} = -1,1708k\,L/R,$$
$$A_3 = \{Y(s)(s + 2,618R/L)\}_{s=-2,618R/L} = 0,1708k\,L/R.$$

Die Rücktransformation ergibt die unten skizzierte Systemreaktion

$$y(t) = s(t)k\frac{L}{R}(1 - 1,1708e^{-0,382\,tR/L} + 0,1708e^{-2,618\,tR/L}).$$

Bemerkenswert ist, daß $y(t)$ für $t \to \infty$ einem festen Wert $y(\infty) = kL/R$ zustrebt, obschon ein "ansteigendes" Eingangssignal $(x(t) = s(t)kt)$ vorliegt. Dimensionsprobleme treten bei einer unnormierten Rechnung nicht auf, wenn man beachtet, daß die Konstante k bei $x(t)$ die Dimension V s^{-1} hat.

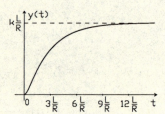

Aufgabe 5.2.5

Das Bild zeigt die Impulsantwort $g(t)$ eines Systems. Mit Hilfe der Beziehung $Y(s) = G(s)X(s)$ soll die Sprungantwort des Systems berechnet werden. $h(t)$ ist zu skizzieren.

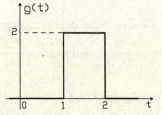

Lösung

Nach Gl. 5.19 erhält man die Übertragungsfunktion

$$G(s) = \int_{0-}^{\infty} g(t)e^{-st}dt = \int_{1}^{2} 2e^{-st}dt = -\frac{2}{s}e^{-st}\Big|_{1}^{2} = \frac{2}{s}(e^{-s} - e^{-2s}).$$

Konvergenzbereich ist die gesamte s-Ebene ($G(s)$ hat keinen Pol bei 0!). Die Sprungantwort ist die Systemreaktion auf $x(t) = s(t)$, man erhält deshalb mit der Korrespondenz $s(t)\,O\!\!-\!\!1/s$

$$Y(s) = G(s)X(s) = \frac{2}{s^2}(e^{-s} - e^{-2s}) = \frac{2}{s^2}e^{-s} - \frac{2}{s^2}e^{-2s}.$$

Zur Rücktransformation verwenden wir den Zeitverschiebungssatz (Gl. 5.4). Aus der Tabelle im Anhang A.2 entnehmen wir die Korrespondenz $s(t)t\,O\!\!-\!\!1/s^2$. Dann folgt aus dem Zeitverschiebungssatz

$$s(t - t_0)(t - t_0)\,O\!\!-\!\!\frac{1}{s^2}e^{-st_0}.$$

Mit Hilfe dieser Korrespondenz (und $t_0 = 1$, $t_0 = 2$) wird

$$y(t) = h(t) = 2s(t - 1)(t - 1) - 2s(t - 2)(t - 2).$$

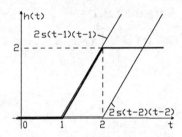

Im Bild rechts sind diese beiden Summanden dargestellt, die Differenz ergibt die Sprungantwort $h(t)$. Eine Kontrolle des Ergebnisses ist ganz leicht möglich, wenn die Ableitung $g(t) = h'(t)$ gebildet wird.

Aufgabe 5.2.6

Gegeben ist die Übertragungsfunktion

$$G(s) = \frac{1}{s + 3} + \frac{2}{(s + 2)^2}.$$

a) Skizzieren Sie das PN-Schema von $G(s)$. Ist das System stabil?
b) Berechnen Sie die Systemreaktion auf das Eingangssignal $x(t) = \delta(t - 1)$.

Lösung

a) $G(s)$ hat bei -3 eine einfache und bei -2 eine doppelte Polstelle. Zur Ermittlung der Nullstellen schreiben wir

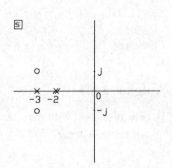

$$G(s) = \frac{1}{s + 3} + \frac{2}{(s + 2)^2} = \frac{10 + 6s + s^2}{(s + 3)(s + 2)^2}.$$

Das Zählerpolynom hat Nullstellen bei $-3 \pm j$. Diese Nullstellen und die Pole von $G(s)$ sind in dem PN-Schema rechts eingetragen. Das System ist stabil, weil alle Pole in der linken s-Halbebene liegen und der Zählergrad nicht größer als der Nennergrad ist.

b) Zunächst wird die Systemreaktion auf das Signal $\delta(t)$ berechnet, dies ist die Impulsantwort $g(t)$, also die Laplace-Rücktransformierte von $G(s)$. Die Systemreaktion auf $x(t) = \delta(t - 1)$ lautet dann $y(t) = g(t-1)$. Zur Bestimmung von $g(t)$ gehen wir von der ganz oben angegebenen Form von $G(s)$ aus und finden (mit den Korrespondenzen im Anhang A.2)

$$g(t) = s(t)e^{-3t} + s(t)2te^{-2t}, \quad y(t) = g(t-1) - s(t-1)e^{-3(t-1)} + s(t-1)2(t-1)e^{-2(t-1)}.$$

Aufgabengruppe 5.3

Bei den Aufgaben dieser Gruppe werden die Lösungen in kürzerer Form angegeben. Die Aufgaben beziehen sich auf den gesamten Stoff des 5. Lehrbuchabschnittes.

Aufgabe 5.3.1   K

Gesucht wird das Signal $f(t)$ mit der Laplace-Transformierten

$$F(s) = \frac{1}{s^3(s+1)}.$$

Lösung

$$F(s) = \frac{1}{s^3(s+1)} = \frac{A_1}{s} + \frac{A_2}{s^2} + \frac{A_3}{s^3} + \frac{A_4}{s+1},$$

$$A_1 = \frac{1}{2!}\frac{d^2}{ds^2}\{F(s)s^3\}_{s=0} = \frac{1}{2}\frac{d^2}{ds^2}\left\{\frac{1}{s+1}\right\}_{s=0} = \frac{1}{2}\frac{2}{(s+1)^3}\bigg|_{s=0} = 1, \text{ Gl. 5.16, Fall } k=3, \mu=1,$$

$$A_2 = \frac{d}{ds}\{F(s)s^3\}_{s=0} = \frac{d}{ds}\left\{\frac{1}{s+1}\right\}_{s=0} = \frac{-1}{(s+1)^2}\bigg|_{s=0} = -1, \text{ Gl. 5.16, Fall } k=3, \mu=2,$$

$$A_3 = \{F(s)s^3\}_{s=0} = \frac{1}{s+1}\bigg|_{s=0} = 1, \text{ Gl. 5.16, Fall } k=3, \mu=3,$$

$$A_4 = \{F(s)(s+1)\}_{s=-1} = -1, \text{ Gl. 5.12}.$$

Ergebnis: $$F(s) = \frac{1}{s} - \frac{1}{s^2} + \frac{1}{s^3} - \frac{1}{s+1}, \quad f(t) = s(t) - s(t)t + s(t)\frac{1}{2}t^2 - s(t)e^{-t}.$$

Aufgabe 5.3.2   K

Bei einem System wird der Zusammenhang zwischen dem Ein- und Ausgangssignal durch die Differentialgleichung

$$y''(t) + 1,5y'(t) + 0,5y(t) = x''(t) + x(t)$$

beschrieben. Ermitteln Sie die Übertragungsfunktion und berechnen Sie die Systemreaktion auf $x(t) = s(t)\cos t$.

Lösung

Gemäß den Beziehungen 2.22, 2.23 erhält man

$$G(s) = \frac{1+s^2}{0,5+1,5s+s^2} = \frac{1+s^2}{(s+0,5)(s+1)}.$$

Mit $X(s) = s/(1+s^2)$ wird

$$Y(s) = \frac{s}{(s+0,5)(s+1)} = \frac{-1}{s+0,5} + \frac{2}{s+1}, \quad y(t) = -s(t)e^{-0,5t} + s(t)2e^{-t}.$$

Aufgabe 5.3.3 K

Gegeben ist das rechts skizzierte PN-Schema der Übertragungsfunktion eines Systems. Gesucht ist die Impulsantwort des Systems mit der Nebenbedingung $G(0) = 1$.

Lösung

$$G(s) = K\frac{s+1}{(s+0,5-0,5j)(s+0,5+0,5j)} =$$

$$= K\frac{s+1}{0,5+s+s^2} = \frac{0,5(s+1)}{0,5+s+s^2}.$$

Laplace-Rücktransformation:

$$G(s) = \frac{0,5(s+1)}{(s+0,5-0,5j)(s+0,5+0,5j)} = \frac{0,25(1-j)}{s+0,5-0,5j} + \frac{0,25(1+j)}{s+0,5+0,5j},$$

$$y(t) = s(t)0,25(1-j)e^{-(0,5-0,5j)t} + s(t)0,25(1+j)e^{-(0,5+0,5j)t} =$$

$$= s(t)0,25e^{-0,5t}\{(1-j)e^{0,5jt} + (1+j)e^{-0,5jt}\} = s(t)0,5e^{-0,5t}[\cos(0,5t)+\sin(0,5t)].$$

Aufgabe 5.3.4 K

Das Bild zeigt das PN-Schema der Übertragungsfunktion eines Allpasses 2. Grades.

a) Ermitteln Sie $G(s)$ mit der Nebenbedingung $G(0) = 1$.

b) Berechnen Sie den Betrag der Übertragungsfunktion $|G(j\omega)|$.

c) Ermitteln Sie die Impulsantwort des Systems.

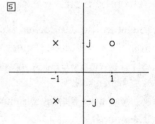

Lösung

a)

$$G(s) = K\frac{(s-1-j)(s-1+j)}{(s+1-j)(s+1+j)} = K\frac{s^2-2s+2}{s^2+2s+2}, \quad K = 1.$$

b)

$$G(j\omega) = \frac{2-\omega^2-2j\omega}{2-\omega^2+2j\omega}, \quad |G(j\omega)| = \frac{\sqrt{(2-\omega^2)^2+4\omega^2}}{\sqrt{(2-\omega^2)^2+4\omega^2}} = 1.$$

c) $G(s) = \dfrac{s^2 - 2s + 2}{s^2 + 2s + 2} = 1 - \dfrac{4s}{s^2 + 2s + 2} = 1 - \dfrac{4s}{(s + 1 - j)(s + 1 + j)} = 1 - \dfrac{2(1 + j)}{s + 1 - j} - \dfrac{2(1 - j)}{s + 1 + j}$,

$$g(t) = \delta(t) - 2s(t)(1 + j)e^{(-1 + j)t} - 2s(t)(1 - j)e^{(-1 - j)t} = \delta(t) - 2s(t)e^{-t}\{(1 + j)e^{jt} + (1 - j)e^{-jt}\},$$

$$g(t) = \delta(t) - 4s(t)e^{-t}(\cos t - \sin t).$$

Aufgabe 5.3.5   K

Bei einem System mit dem Eingangssignal $x(t) = s(t)$ lautet die Laplace-Transformierte des zugehörenden Ausgangssignales

$$H(s) = \frac{1}{s(s + 3)}.$$

a) Ermitteln Sie die Sprungantwort des Systems.

b) Ermitteln Sie die Übertragungsfunktion und begründen Sie, daß das System stabil ist

Lösung

a) $H(s)$ ist die Laplace-Transformierte der Sprungantwort:

$$H(s) = \frac{1}{s(s + 3)} = \frac{A_1}{s} + \frac{A_2}{s + 3} = \frac{1/3}{s} - \frac{1/3}{s + 3}, \quad h(t) = \frac{1}{3}s(t)(1 - e^{-3t}).$$

b) Aus der Beziehung $Y(s) = X(s)G(s)$ folgt mit $X(s) = 1/s$ und $Y(s) = H(s)$

$$G(s) = sH(s) = \frac{1}{s + 3}.$$

Die Übertragungsfunktion hat eine Polstelle bei $s_\infty = -3$, sie liegt in der linken s-Halbebene und damit ist das System stabil.

Aufgabe 5.3.6   K

Gegeben ist das rechts skizzierte PN-Schema der Übertragungsfunktion $G(s)$ eines Systems.

a) Ermitteln Sie $G(s)$, wobei der frei wählbare Faktor den Wert
   1 haben soll.

b) Berechnen Sie die Systemreaktion auf $x(t) = 2s(t)t$.

Lösung

a) $G(s) = \dfrac{s^2}{(s + 0,5)^2}.$

b) $X(s) = \dfrac{2}{s^2}, \quad Y(s) = G(s)X(s) = \dfrac{2}{(s + 0,5)^2}, \quad y(t) = s(t)2te^{-0,5t}.$

6 Zeitdiskrete Signale und Systeme

Die Beispiele dieses Abschnittes beziehen sich auf den 6. (bei den älteren Auflagen 5.) Abschnitt des Lehrbuches. Sie sind in vier Gruppen unterteilt. Die Aufgabengruppe 6.1 enthält vier Aufgaben bei denen Übertragungsfunktionen und Systemreaktionen im Zeitbereich zu berechnen sind. Die vier Aufgaben im Abschnitt 6.2 beziehen sich auf die Berechnung und Rücktransformation von z-Transformierten. Bei den fünf Aufgaben im Abschnitt 6.3 kommt die Beziehung $Y(z) = G(z)X(z)$ zur Anwendung. Außerdem werden dort Differenzen-gleichungen und Schaltungen zeitdiskreter Systeme behandelt. Schließlich enthält die Aufgabengruppe 6.4 fünf weitere Beispiele, die sich auf den gesamten Stoff beziehen und bei denen die Lösungen in kürzerer Form mit weniger Erklärungen angegeben sind.

Dem Leser wird empfohlen, die mit "E" gekennzeichneten Aufgaben zuerst zu bearbeiten. Es handelt sich hierbei um besonders charakteristische Aufgaben mit detaillierten Lösungen und oft auch noch zusätzlichen Hinweisen. Die Bezeichnung "K" bedeutet, daß die Lösungen nur in einer Kurzform angegeben sind. Die wichtigsten zur Lösung der Aufgaben erforderlichen Gleichungen sind im Abschnitt 1.6 zusammengestellt.

Aufgabengruppe 6.1

Bei den Aufgaben in dieser Gruppe werden die Systeme durch ihre Impuls- oder Sprungantwort charakterisiert. Zu berechnen sind Systemreaktionen im Zeitbereich und die Übertragungsfunktionen der Systeme.

Aufgabe 6.1.1   E

Das Bild zeigt die Impulsantwort eines zeitdiskreten Systems

$$g(n) = \begin{cases} 0 \text{ für } n < 0 \\ a^n \text{ für } n \geq 0 \end{cases} = s(n)a^n, \quad |a| < 1,$$

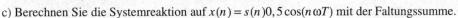

wobei für die Skizze $a = 0,8$ gewählt wurde.

a) Begründen Sie, daß das System kausal und stabil ist.

b) Berechnen und skizzieren Sie die Sprungantwort $h(n)$.

c) Berechnen Sie die Systemreaktion auf $x(n) = s(n)0,5\cos(n\omega T)$ mit der Faltungssumme.

d) Berechnen Sie die Übertragungsfunktion und skizzieren Sie den Betrag $|G(j\omega)|$.

e) Berechnen Sie die Systemreaktion auf $x(n) = \cos(n\omega T)$.

Lösung

a) Das System ist kausal, weil $g(n) = 0$ für $n < 0$ ist (siehe Gl. 6.15). Kontrolle der Stabilität nach Gl. 6.14 (unter Anwendung von Gl. 6.8):

$$\sum_{n=-\infty}^{\infty} |g(n)| = \sum_{n=0}^{\infty} |a|^n = \frac{1}{1-|a|} < \infty, \text{ weil } |a| < 1.$$

b) Nach Gl. 6.13 ist

$$h(n) = \sum_{\nu=-\infty}^{n} g(\nu).$$

Für $\nu < 0$ ist $g(\nu) = 0$ und damit wird auch $h(n) = 0$ für $n < 0$. Dieses Ergebnis folgt auch aus der Kausalität des Systems. Auf die bei $n = 0$ "eintreffende" Sprungfolge $s(n)$ kann das System erst ab $n = 0$ reagieren. Für $n \geq 0$ erhält man (nach Gl. 6.7 mit m=n+1)

$$h(n) = \sum_{\nu=0}^{n} g(\nu) = \sum_{\nu=0}^{n} a^{\nu} = 1 + a + a^2 + \dots + a^n = \frac{1-a^{n+1}}{1-a}.$$

Zusammenfassung der Teilergebnisse:

$$h(n) = \begin{cases} 0 \text{ für } n < 0 \\ \dfrac{1-a^{n+1}}{1-a} \text{ für } n \geq 0 \end{cases} = s(n)\frac{1-a^{n+1}}{1-a}.$$

Hinweis:

Die Sprungfolge $s(n)$ kommt bei dieser Aufgabenstellung in zwei Bedeutungen vor. Einmal ist $s(n)$ das Eingangssignal, auf das das System mit der Sprungantwort $h(n)$ reagiert. Zum anderen wird $s(n)$ zur Darstellung der Sprungantwort in geschlossener Form verwandt.

Im Bild rechts ist die Sprungantwort für $a = 0,8$ skizziert, für diesen Fall erhält man aus der oben angegebenen Beziehung

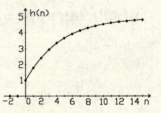

$$h(n) = s(n)5(1-0,8^{n+1}).$$

c) Berechnung mit der Faltungssumme in der Form

$$y(n) = \sum_{\nu=-\infty}^{\infty} x(\nu)g(n-\nu).$$

Zur Festlegung der aktuellen Summationsgrenzen geht man am besten nach der gleichen Methode wie bei dem Faltungsintegral vor (siehe Hinweise zur Aufgabengruppe 2.3). Man trägt $x(\nu)$ und $g(n-\nu)$ in Abhängigkeit von ν auf. Das Bild für $g(n-\nu)$ entsteht dabei dadurch, daß die Funktion $g(\nu)$ zunächst an der Ordinate "umgeklappt" und dann an den Punkt $\nu = n$ "verschoben" wird.

Rechts im Bild sind $x(\nu) = 0,5s(\nu)\cos(\nu\omega T)$ und $g(n-y)$ für Werte $n > 0$ (im Bild $n = 6$) skizziert. Man erkennt, daß von $\nu = 0$ bis $\nu = n$ zu summieren ist. Dann wird für $n \geq 0$:

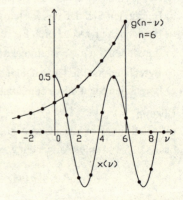

$$y(n) = \sum_{\nu=-\infty}^{\infty} x(\nu)g(n-\nu) = \sum_{\nu=0}^{n} 0,5\cos(\nu\omega T)a^{n-\nu}.$$

Mit $\cos(\nu\omega T) = 0,5e^{j\nu\omega T} + 0,5e^{-j\nu\omega T}$ erhält man nach elementarer Zwischenrechnung

$$y(n) = \frac{1}{4}a^n \sum_{\nu=0}^{n} (e^{j\omega T}a^{-1})^{\nu} + \frac{1}{4}a^n \sum_{\nu=0}^{n} (e^{-j\omega T}a^{-1})^{\nu}.$$

Die beiden Summen können nach Gl. 6.7 ausgewertet werden. Mit $m = n + 1$ wird

$$y(n) = \frac{1}{4}a^n \frac{1 - (e^{j\omega T}a^{-1})^{n+1}}{1 - e^{j\omega T}a^{-1}} + \frac{1}{4}a^n \frac{1 - (e^{-j\omega T}a^{-1})^{n+1}}{1 - e^{-j\omega T}a^{-1}} =$$

$$= \frac{1}{4}a^n \frac{1}{(1 - e^{j\omega T}a^{-1})(1 - e^{-j\omega T}a^{-1})}\{(1 - e^{-j\omega T}a^{-1})(1 - (e^{j\omega T}a^{-1})^{n+1})\} +$$

$$+ \frac{1}{4}a^n \frac{1}{(1 - e^{j\omega T}a^{-1})(1 - e^{-j\omega T}a^{-1})}\{(1 - e^{j\omega T}a^{-1})(1 - (e^{-j\omega T}a^{-1})^{n+1})\}.$$

Nach einigen (etwas mühsamen aber elementaren) Rechenschritten erhält man unter Anwendung der Beziehung $e^{jx} + e^{-jx} = 2\cos x$ schließlich

$$y(n) = \frac{0,5}{1 + a^2 - 2a\,\cos(\omega T)}\{a^{n+2} - a^{n+1}\cos(\omega T) + \cos(n\omega T) - a\cos[(n+1)\omega T]\}, \quad n \geq 0.$$

Verschiebt man die "umgeklappte" Impulsantwort $g(n-\nu)$ im obigen Bild nach links zu einem negativen Wert n, so ist das Produkt $x(\nu)g(n-\nu) = 0$, man erhält $y(n) = 0$. Dies ist auch sofort einsichtig, weil ein kausales System mit einem bei $n = 0$ "beginnenden" Eingangssignal vorliegt.

d) Nach Gl 6.19 erhält man die Übertragungsfunktion

$$G(j\omega) = \sum_{n=-\infty}^{\infty} g(n)e^{-jn\omega T} = \sum_{n=0}^{\infty} a^n(e^{-j\omega T})^n = \sum_{n=0}^{\infty} (ae^{-j\omega T})^n.$$

Die rechts stehende Summe konvergiert, denn es ist $|ae^{-j\omega T}| = |a| < 1$ und damit erhält man nach Gl. 6.8

$$G(j\omega) = \frac{1}{1 - ae^{-j\omega T}} = \frac{1}{1 - a\cos(\omega T) + ja\sin(\omega T)}.$$

Aus der rechten Form von $G(j\omega)$ erhält man den Betrag

$$|G(j\omega)| = \frac{1}{\sqrt{[1 - a\cos(\omega T)]^2 + \sin^2(\omega T)}} =$$

$$= \frac{1}{\sqrt{1 + a^2 - 2a\cos(\omega T)}}.$$

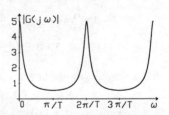

Der Betragsverlauf ist oben rechts für den Fall $a = 0,8$ bis zur Frequenz $\omega = 4\pi/T$ skizziert.

Hinweise:

1. Übertragungsfunktionen zeitdiskreter Systeme sind periodisch mit der Periode $2\pi/T$. Dies kann man sich folgendermaßen verständlich machen. Ein Signal $x_1(t) = \cos(\omega_1 t)$ mit einer (niedrigen) Kreisfrequenz $\omega_1 < \pi/T$ führt zu der "Abtastfolge" $x_1(n) = e^{jn\omega_1 T}$. Ein zweites Signal $x_2(t) = e^{j\omega_2 t}$ mit der (höheren) Kreisfrequenz $\omega_2 = \omega_1 + 2\pi/T$ ergibt die Abtastfolge $x_2(n) = e^{jn\omega_2 T} = e^{jn(\omega_1 + 2\pi/T)T} = e^{jn\omega_1 T} = x_1(n)$. Das Signal mit der höheren Frequenz ergibt bei der Abtastung im Abstand T die gleichen Abtastwerte wie das mit der niedrigeren Frequenz. Auf

gleiche Eingangswerte $x_1(n) = x_2(n)$ kann das zeitdiskrete System natürlich auch nur mit gleichen Ausgangsfolgen reagieren, dies bedeutet, daß die Übertragungsfunktion bei ω_1 den gleichen Wert wie bei $\omega_2 = \omega_1 + 2\pi/T$ haben muß.

2. In der Praxis nützt man i.a. nur den Bereich der Übertragungsfunktion bis zur Frequenz π/T aus.

e) Die Systemreaktion auf $x(n) = \cos(n\,\omega T)$ erhält man nach Gl. 6.18:

$$y(n) = \mathrm{Re}\{G(j\omega)e^{jn\omega T}\} = \mathrm{Re}\left\{\frac{e^{jn\omega T}}{1 - ae^{-j\omega T}}\right\} = \frac{1}{1 + a^2 - 2a\cos(\omega T)}\mathrm{Re}\{(1 - ae^{j\omega T})e^{jn\omega T}\} =$$

$$= \frac{1}{1 + a^2 - 2a\cos(\omega T)}\{\cos(n\omega T) - a\cos[(n+1)\omega T]\}.$$

Vergleicht man dieses Ergebnis mit dem (nicht abklingenden) stationären Lösungsanteil bei der Systemreaktion auf $x(n) = s(n)0,5\cos(n\omega T)$ bei Frage d, so stellt man die bis auf den Faktor 0,5 (erwartete) Übereinstimmung fest.

Aufgabe 6.1.2

Gegeben ist ein System mit der rechts skizzierten Impuls-antwort $g(n) = -0,5\delta(n) + s(n-1)0,75 \cdot 0,5^{n-1}$.

a) Die Sprungantwort $h(n)$ ist zu berechnen und zu skizzieren.

b) Man berechne $G(j\omega)$ und den Betrag $|G(j\omega)|$.

Lösung

a) Die Sprungantwort wird nach der Beziehung 6.13 berechnet. Wegen $g(\nu) = 0$ für $\nu < 0$ wird $h(n) = 0$ für $n < 0$. Bei $n = 0$ erhält man (mit $g(0) = -0,5$) den Wert $h(0) = -0,5$. Für $n > 0$ wird

$$h(n) = -0,5 + 0,75\sum_{\nu=1}^{n} 0,5^{\nu-1} = -0,5 + 0,75\sum_{\mu=0}^{n-1} 0,5^{\mu} = -0,5 + 0,75\frac{1 - 0,5^n}{1 - 0,5}.$$

Bei der Summe wurde die Substitution $\mu = \nu - 1$ vorgenommen, damit eine Summenform gemäß Gl. 6.7 entsteht. Wie man erkennt, ergibt der Ausdruck für $n > 0$ im Falle $n = 0$ das richtige Ergebnis $h(0) = -0,5$. Daher kann man die Teilergebnisse folgendermaßen zusammenfassen

$$h(n) = \begin{cases} 0 & \text{für } n < 0 \\ -0,5 + 1,5(1 - 0,5^n) & \text{für } n \geq 0 \end{cases} = s(n)(1 - 1,5 \cdot 0,5^n).$$

Diese Sprungantwort ist rechts skizziert.

b) Nach Gl. 6.19 wird

$$G(j\omega) = \sum_{n=-\infty}^{\infty} g(n)e^{jn\omega T} = -0,5 + 0,75\sum_{n=1}^{\infty} 0,5^{n-1}(e^{-j\omega T})^n =$$

$$= -0,5 + 0,75e^{-j\omega T}\sum_{\nu=0}^{\infty}(0,5e^{-j\omega T})^{\nu} = -0,5 + 0,75e^{-j\omega T}\frac{1}{1 - 0,5e^{-j\omega T}}.$$

Die Summe über den Einheitsimpuls wurde dabei unmittelbar ausgewertet (Wert: -0,5), bei der weiteren Summe wurde Gl. 6.8 angewandt. Man erhält weiter

$$G(j\omega) = -0,5 + 0,75e^{-j\omega T}\frac{1}{1-0,5e^{-j\omega T}} = -0,5 + \frac{0,75}{e^{j\omega T}-0,5} = 0,5\frac{-e^{j\omega T}+2}{e^{j\omega T}-0,5}.$$

Zur Berechnung des Betrages benutzen wir die Formel $|G(j\omega)|^2 = G(j\omega)G^*(j\omega)$ und erhalten

$$|G(j\omega)|^2 = 0,25\frac{(-e^{j\omega T}+2)(-e^{-j\omega T}+2)}{(e^{j\omega T}-0,5)(e^{-j\omega T}-0,5)} = 0,25\frac{5-4\cos(\omega T)}{1,25-\cos(\omega T)} = 1.$$

Das System hat einen frequenzunabhängigen Verlauf des Betrages der Übertragungsfunktion. Es handelt sich um einen Allpaß, der zur Phasenentzerrung verwendet werden kann.

Aufgabe 6.1.3

Das Bild zeigt die Sprungantwort $h(n)$ eines Systems.

a) Ermitteln und skizzieren Sie die Impulsantwort.

c) Zeigen Sie, daß das System stabil ist.

c) Berechnen Sie die Übertragungsfunktion des Systems.

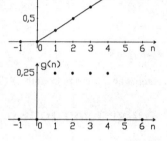

Lösung

a) Aus h(n) erhält man gemäß Gl. 6.13 unmittelbar die rechts skizzierte Impulsantwort $g(n) = h(n) - h(n-1)$.

b) Das System ist stabil, denn es gilt (Gl. 6.14)

$$\sum_{n=-\infty}^{\infty} |g(n)| = 1 < \infty.$$

c) Nach Gl. 6.19 erhält man mit der oben skizzierten Impulsantwort

$$G(j\omega) = \sum_{n=-\infty}^{\infty} g(n)e^{-jn\omega T} = 0,25(e^{-j\omega T} + e^{-j2\omega T} + e^{-j3\omega T} + e^{-j4\omega T}).$$

Aufgabe 6.1.4

Gegeben ist ein System mit der Impulsantwort

$$g(n) = s(n-2)(n-1)a^{n-2}, \quad |a| < 1.$$

Diese Impulsantwort ist rechts für $a = 0,8$ skizziert.

a) Ist das System stabil?

b) Die Übertragungsfunktion $G(j\omega)$ des Systems ist zu berechnen.

Bei der Beantwortung der Fragen kann die Beziehung

$$\sum_{v=1}^{\infty} vq^{v-1} = \frac{1}{(1-q)^2}, \quad |q| < 1$$

verwendet werden.

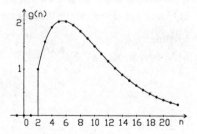

a) Stabil ist das System genau dann, wenn die Summe gemäß Gl. 6.14 konvergiert, also einen endlichen Wert ergibt. Im vorliegenden Fall verzichten wir auf eine Auswertung der Summe und schreiben zunächst

$$\sum_{n=-\infty}^{\infty} |g(n)| = \sum_{n=2}^{\infty} |(n-1)a^{n-2}| = 1 + 2 \cdot |a| + 3 \cdot |a|^2 + 4 \cdot |a|^3 + \dots$$

Das d'Alembertsche Quotientenkriterium sagt aus, daß Konvergenz vorliegt, wenn der Quotient zweier aufeinanderfolgender Reihenglieder q_{n+1}/q_n ab einer gewissen Stelle kleiner als 1 ist. Im vorliegenden Fall erhält man den Quotienten $Q = |a|(n+1)/n$. Wenn n hinreichend groß ist, liegt der Faktor $(n+1)/n$ beliebig nahe bei 1 und wegen $|a| < 1$ wird auch der Quotient $Q < 1$. Damit konvergiert die vorliegende Reihe, das System ist stabil.

b) Nach Gl. 6.19 wird

$$G(j\omega) = \sum_{n=-\infty}^{\infty} g(n)e^{-jn\omega T} = \sum_{n=2}^{\infty} (n-1)a^{n-2}e^{-jn\omega T} = \sum_{\nu=1}^{\infty} \nu a^{\nu-1}e^{-j(\nu+1)\omega T} =$$

$$= e^{-2j\omega T} \sum_{\nu=1}^{\infty} \nu(ae^{-j\omega T})^{\nu-1} = \frac{e^{-j2\omega T}}{(1-ae^{-j\omega T})^2} = \frac{1}{(e^{j\omega T}-a)^2}.$$

Die Substitution $\nu = n - 1$ wurde vorgenommen, damit die oben angegebene Summenformel angewandt werden konnte.

Aufgabengruppe 6.2

Die Aufgaben dieser Gruppe beziehen sich auf die Berechnung und die Rücktransformation von z-Transformierten.

Aufgabe 6.2.1   E

Gegeben ist die Funktion $f(n) = s(n)e^{-anT}\cos(n\omega_0 T)$.

a) Berechnen Sie die z-Transformierte $F(z)$.
b) Skizzieren Sie $f(n)$ und das PN-Schema von $F(z)$ im Fall $a < 0$, $a = 0$ und $a > 0$.
c) Geben Sie alle Sonderfälle der Funktion $f(n)$ mit ihren z-Transformierten an.

Lösung

a) Mit $\cos(n\omega_0 T) = 0,5e^{jn\omega_0 T} + 0,5e^{-jn\omega_0 T}$ erhält man aus der Definitionsgleichung 6.20

$$F(z) = \sum_{n=0}^{\infty} f(n)z^{-n} = \sum_{n=0}^{\infty} e^{-anT}\cos(n\omega_0 T)z^{-n} =$$

$$= \sum_{n=0}^{\infty} 0,5e^{-anT}e^{jn\omega_0 T}z^{-n} + \sum_{n=0}^{\infty} 0,5e^{-anT}e^{-jn\omega_0 T}z^{-n} = 0,5\sum_{n=0}^{\infty}\left[z^{-1}e^{(-a+j\omega_0)T}\right]^n + 0,5\sum_{n=0}^{\infty}\left[z^{-1}e^{(-a-j\omega_0)T}\right]^n =$$

$$= \frac{0,5}{1-z^{-1}e^{(-a+j\omega_0)T}} + \frac{0,5}{1-z^{-1}e^{(-a-j\omega_0)T}} \quad \text{mit } \left|z^{-1}e^{(-a\pm j\omega_0)T}\right| < 1, |z| > \left|e^{(-a\pm j\omega_0)T}\right| = e^{-aT}.$$

Bei der Auswertung der Summen wurde Gl. 6.8 angewandt. Durch Zusammenfassung der beiden Summanden wird schließlich

$$F(z) = \frac{0,5[2 - z^{-1}e^{-aT}(e^{j\omega_0 T} + e^{-j\omega_0 T})]}{(1 - z^{-1}e^{-aT}e^{j\omega_0 T})(1 - z^{-1}e^{-aT}e^{-j\omega_0 T})} = \frac{1 - z^{-1}e^{-aT}\cos(\omega_0 T)}{1 - 2z^{-1}e^{-aT}\cos(\omega_0 T) + z^{-2}e^{-2aT}}, \quad |z| > e^{-aT},$$

$$F(z) = \frac{z(z - e^{-aT}\cos(\omega_0 T))}{e^{-2aT} - 2ze^{-aT}\cos(\omega_0 T) + z^2}, \quad |z| > e^{-aT}.$$

b) Das Bild zeigt die Funktion $f(n)$ für die Fälle $a < 0$, $a = 0$ und $a > 0$ und darunter die zugehörenden PN-Schemata in denen die Konvergenzbereiche schraffiert dargestellt sind. Die Pole liegen bei $z_{\infty 1,2} = e^{-aT}[\cos(\omega_0 T) \pm j\sin(\omega_0 T)]$ auf einem Kreis mit dem Radius e^{-aT}. Nullstellen treten bei $z = 0$ und $z = e^{-aT}\cos(\omega_0 T)$ auf. Der Konvergenzbereich liegt außerhalb des Kreises mit dem Radius e^{-aT} durch die Polstellen.

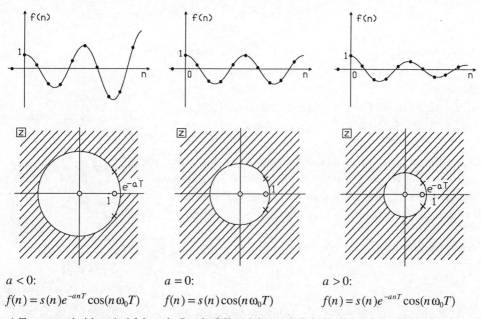

$a < 0$:

$f(n) = s(n)e^{-anT}\cos(n\omega_0 T)$

$a = 0$:

$f(n) = s(n)\cos(n\omega_0 T)$

$a > 0$:

$f(n) = s(n)e^{-anT}\cos(n\omega_0 T)$

c) Zu unterscheiden sind folgende Sonderfälle (siehe auch Tabelle im Anhang A.3):

$a = 0, \omega_0 \neq 0$: $\quad s(n)\cos(n\omega_0 T) \circ\!\!-\!\!-\!\!\dfrac{z[z - \cos(\omega_0 T)]}{1 - 2z\cos(\omega_0 T) + z^2}, \quad |z| > 1,$

$a \neq 0, \omega_0 = 0$: $\quad s(n)e^{-anT} \circ\!\!-\!\!-\!\!\dfrac{z(z - e^{-aT})}{e^{-2aT} - 2ze^{-aT} + z^2} = \dfrac{z(z - e^{-aT})}{(z - e^{-aT})^2} = \dfrac{z}{z - e^{-aT}}, \quad |z| > e^{-aT},$

$a = 0, \omega_0 = 0$: $\quad s(n) \circ\!\!-\!\!-\!\!\dfrac{z(z - 1)}{1 - 2z + z^2} = \dfrac{z(z - 1)}{(z - 1)^2} = \dfrac{z}{z - 1}, \quad |z| > 1.$

√ Aufgabe 6.2.2

Das Bild zeigt ein Signal $f(n)$.

a) Die z-Transformierte $F(z)$ ist zu berechnen.

b) Zeichnen Sie das PN-Schema von $F(z)$.

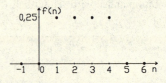

Lösung

a) Nach Gl. 6.20 erhält man mit $f(n) = 0,25$ für $0 < n < 5$

$$F(z) = \sum_{n=0}^{\infty} f(n)z^{-n} = 0,25(z^{-1} + z^{-2} + z^{-3} + z^{-4}), \quad z \text{ beliebig}.$$

Die Summe konvergiert ohne Einschränkung des Wertebereiches von z, Konvergenzbereich ist die gesamte z–Ebene.

b) Durch Erweiterung von $F(z)$ mit z^4 erhält man

$$F(z) = 0,25(z^{-1} + z^{-2} + z^{-3} + z^{-4}) = \frac{1 + z + z^2 + z^3}{4z^4} = \frac{(z+1)(z^2+1)}{4z^4}.$$

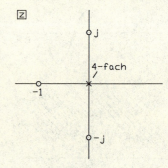

Aus der rechten Form von $F(z)$ erkennt man, daß eine vierfache Polstelle bei $z = 0$ auftritt und Nullstellen bei $z = -1$ und $z = \pm j$.

Hinweise:

1. Aus der mittleren Form von $F(z)$ erkennt man sofort, daß bei $z = -1$ eine Nullstelle auftritt. Durch Abspaltung von $z + 1$ erhält man dann die rechte Form.

2. Der Konvergenzbereich wird durch einen Kreis durch die am weitesten vom Ursprung entfernte Polstelle begrenzt. Dieser "Kreis" hat hier den Radius 0, der Konvergenzbereich ist die ganze z–Ebene (siehe auch Punkt a).

√ Aufgabe 6.2.3

Das Bild zeigt das PN-Schema der z-Transformierten $F(z)$ eines Signales $f(n)$.

a) Ermitteln Sie $F(z)$, wobei die frei wählbare Konstante den Wert 1 haben soll.

b) Führen Sie eine Partialbruchentwicklung von $F(z)$ durch und ermitteln Sie $f(n)$.

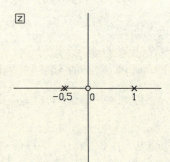

Lösung

a) Aus dem PN-Schema folgt mit $K = 1$:

$$F(z) = \frac{z}{(z+0,5)^2(z-1)}.$$

b) Partialbruchentwicklung mit Berechnung der Residuen gemäß den Gln. 5.12, 5.16:

$$F(z) = \frac{z}{(z+0,5)^2(z-1)} = \frac{A_1}{z+0,5} + \frac{A_2}{(z+0,5)^2} + \frac{A_3}{z-1},$$

$$A_1 = \frac{d}{dz}\{F(z)(z+0,5)^2\}_{z=-0,5} = \frac{d}{dz}\left\{\frac{z}{z-1}\right\}_{z=-0,5} = \frac{-1}{(z-1)^2}\bigg|_{z=-0,5} = -\frac{4}{9}, \quad \text{Gl. 5.16}, k = 2, \mu = 1,$$

$$A_2 = \{F(z)(z+0,5)^2\}_{z=-0,5} = \frac{z}{z-1}\bigg|_{z=-0,5} = \frac{1}{3}, \quad \text{Gl. 5.16}, k = 2, \mu = 2,$$

$$A_3 = \{F(z)(z-1)\}_{z=1} = \frac{z}{(z+0,5)^2}\bigg|_{z=1} = \frac{4}{9}, \quad \text{Gl. 5.12.}$$

Ergebnis und Rücktransformation gemäß den Korrespondenzen nach Gl. 6.29:

$$F(z) = \frac{-4/9}{z+0,5} + \frac{1/3}{(z+0,5)^2} + \frac{4/9}{z-1},$$

$$f(n) = -\frac{4}{9}s(n-1)0,5^{n-1} + \frac{1}{3}s(n-2)(n-1)0,5^{n-2} + \frac{4}{9}s(n-1).$$

Im vorliegenden Fall ist $f(0) = 0$ und $f(1) = 0$ und deshalb gilt auch

$$f(n) = s(n-2)\left\{\frac{4}{9}(1-0,5^{n-1}) + \frac{1}{3}(n-1)0,5^{n-2}\right\}.$$

Aufgabe 6.2.4

Das Bild zeigt die beiden Signale

$$f_1(n) = s(n)0,5^n, \quad f_2(n) = s(n)n0,5^n.$$

a) Die z-Transformierten der beiden Signale sind mit Hilfe der Korrespondenzentabelle (Anhang A.3) zu ermitteln.

b) Die z-Transformierten sind ohne Verwendung der Tabelle zu ermitteln.

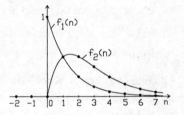

Lösung

a) Schreibt man $s(n)e^{-anT} = s(n)(e^{-aT})^n$, so entsteht mit $e^{-aT} = 0,5$ die hier vorliegende Funktion $f_1(n)$ und aus der Tabelle entnehmen wir

$$s(n)0,5^n \; \text{O—} \; \frac{z}{z-0,5}, \quad |z| > 0,5.$$

Aus der ebenfalls in der Tabelle aufgelisteten Funktion $s(n)ne^{-anT} = s(n)n(e^{-aT})^n$ ergibt sich mit $e^{-aT} = 0,5$ die Funktion $f_2(n)$ und die Korrespondenz

$$s(n)n0,5^n \; \text{O—} \; \frac{0,5z}{(z-0,5)^2}, \quad |z| > 0,5.$$

b) Aus Gl. 6.20 erhält man die z-Transformierte von $f_1(n)$

$$F_1(z) = \sum_{n=0}^{\infty} f_1(n)z^{-n} = \sum_{n=0}^{\infty} (0,5z^{-1})^n = \frac{1}{1-0,5z^{-1}} = \frac{z}{z-0,5}, \quad |z| > 0,5.$$

Die Auswertung der Summe erfolgte nach Gl. 6.8.

Bei der Berechnung der z-Transformierten von $f_2(n)$ entsteht die schwieriger auszuwertende Summe

$$F_2(z) = \sum_{n=0}^{\infty} f_2(n)z^{-n} = \sum_{n=0}^{\infty} n\,(0,5z^{-1})^n.$$

Wir verzichten auf die unmittelbare Auswertung der Summe und verwenden stattdessen die Korrespondenz nach Gl. 6.23

$$n \cdot f(n) \circ\!\!-\!\!-\!\!\bullet -z\frac{d F(z)}{dz}, \quad |z| > |\tilde{z}|.$$

Dabei ist der Bereich $|z| > |\tilde{z}|$ der Konvergenzbereich von $F(z)$. Im vorliegenden Fall gilt $f_2(n) = n \cdot f_1(n)$ und mit der oben berechneten z-Transformierten $F_1(z)$ wird

$$F_2(z) = -z\frac{d}{dz}\left\{\frac{z}{z-0,5}\right\} = \frac{0,5z}{(z-0,5)^2}, \quad |z| > 0,5.$$

Aufgabengruppe 6.3

Bei den Aufgaben dieser Gruppe werden Systemreaktionen mit der z-Transformation berechnet, wobei stets die Beziehung $Y(z) = G(z)X(z)$ angewandt wird. Die Systeme werden dabei durch das PN-Schema von $G(z)$ oder auch durch eine Schaltung beschrieben.

Aufgabe 6.3.1   E

Das Bild zeigt das PN-Schema der Übertragungsfunktion eines Systems mit einer doppelten Polstelle bei $z = a$.

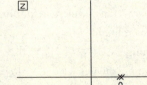

a) Welche Bedingung muß eingehalten werden, damit das System stabil ist?

b) Wie lautet $G(z)$ mit der Nebenbedingung, daß die Übertragungsfunktion $G(j\omega)$ bei $\omega = 0$ den Wert 1 hat. Skizzieren Sie den Betragsverlauf $|G(j\omega)|$.

c) Ermitteln und skizzieren Sie die Impulsantwort des Systems.

d) Ermitteln und skizzieren Sie die Sprungantwort $h(n)$.

e) Wie lautet die das System beschreibende Differenzengleichung? Geben Sie eine Realisierungsstruktur für das System an.

f) Mit der Differenzengleichung sollen die ersten drei nichtverschwindenden Werte von $h(n)$ berechnet und mit dem Ergebnis nach Frage d verglichen werden.

Lösung

a) Bei stabilen Systemen müssen alle Pole im Einheitskreis $|z| < 1$ liegen, daraus folgt die Stabilitätsbedingung $|a| < 1$.

b) Aus dem PN-Schema erhält man

$$G(z) = K \frac{1}{(z-a)^2}, \quad G(j\omega) = K \frac{1}{(e^{j\omega T} - a)^2}.$$

$\omega = 0$ bedeutet $z = 1$ und damit folgt aus der Nebenbedingung $G(j\omega = 0) = 1$:

$$G(z = 1) = K \frac{1}{(1-a)^2} = 1, \quad K = (1-a)^2, \quad G(z) = (1-a)^2 \frac{1}{(z-a)^2}.$$

Mit $z = e^{j\omega T}$ erhält man aus $G(z)$

$$G(j\omega) = \frac{(1-a)^2}{(e^{j\omega T} - a)^2} = \frac{(1-a)^2}{[\cos(\omega T) - a + j\sin(\omega T)]^2},$$

$$|G(j\omega)| = \frac{(1-a)^2}{(\cos(\omega T) - a)^2 + \sin^2(\omega T)} = \frac{(1-a)^2}{1 + a^2 - 2a\cos(\omega T)}.$$

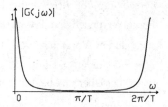

Der Betragsverlauf der Übertragungsfunktion ist oben rechts für den Wert $a = 0,8$ bis zur Frequenz $\omega = 2\pi/T$ skizziert. Bei der Kreisfrequenz π/T wird $|G(j\pi/T)| = 0,04/1,8^2 = 0,0123$.

c) $G(z)$ kann unmittelbar zurücktransformiert werden (Tabelle im Anhang A.3), man erhält

$$g(n) = s(n-2)(1-a)^2 (n-1) a^{n-2}.$$

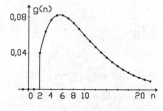

Diese Impulsantwort ist oben rechts für den Fall $a = 0,8$ skizziert, sie stimmt bis auf den Faktor $(1-a)^2$ mit der bei der Aufgabe 6.1.4 überein.

d) Die Sprungantwort ist die Systemreaktion auf das Eingangssignal $x(n) = s(n)$. Mit der Korrespondenz $s(n)$ O—$z/(z-1)$ erhält man

$$Y(z) = G(z)X(z) = \frac{(1-a)^2 z}{(z-a)^2 (z-1)} = \frac{A_1}{z-a} + \frac{A_2}{(z-a)^2} + \frac{A_3}{z-1}.$$

Berechnung der Residuen gemäß den Gln. 5.12, 5.16:

$$A_1 = \frac{d}{dz}\{Y(z)(z-a)^2\}_{z=a} = \frac{d}{dz}\left\{\frac{(1-a)^2 z}{z-1}\right\}_{z=a} = -\frac{(1-a)^2}{(z-1)^2}\bigg|_{z=a} = -1, \text{ Gl. 5.16, } k=2, \mu=1,$$

$$A_2 = \{Y(z)(z-a)^2\}_{z=a} = \frac{(1-a)^2 z}{z-1}\bigg|_{z=a} = -(1-a)a = a^2 - a, \text{ Gl. 5.16, } k=2, \mu=2,$$

$$A_3 = \{Y(z)(z-1)\}_{z=1} = \frac{(1-a)^2 z}{(z-a)^2}\bigg|_{z=1} = 1, \text{ Gl. 5.12.}$$

Mit diesen Werten und den Korrespondenzen nach Gl. 6.29 erhält man

$$Y(z) = \frac{-1}{z-a} + \frac{a^2-a}{(z-a)^2} + \frac{1}{z-1},$$

$$y(n) = h(n) = -s(n-1)a^{n-1} + (a^2 \quad a)s(n-2)(n-1)a^{n-2} + s(n-1).$$

Da $h(0) = 0$ und $h(1) = 0$ ist, können wir auch kürzer schreiben

$$h(n) = s(n-2)\{1 - a^{n-1} + (n-1)(a^2-a)a^{n-2}\}.$$

Diese Sprungantwort ist rechts für den Fall $a = 0,8$ skizziert.

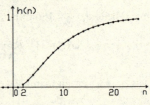

Hinweis:

Den Wert $h(\infty) = 1$ hätten wir auf zweierlei Art auch ohne die Berechnung von $h(n)$ finden können. Zunächst erhält man diesen Wert nach dem Endwertsatz, Gl. 6.26. Weiterhin stellt man durch Vergleich von Gl. 6.19 mit $\omega = 0$ und Gl. 6.13 mit $n = \infty$ fest, daß $h(\infty) = G(j\omega = 0) = 1$ gilt.

e) Aus der Übertragungsfunktion in der Form

$$G(z) = \frac{(1-a)^2}{a^2 - 2az + z^2}$$

erhält man gemäß Gl. 6.37 die Differenzengleichung

$$y(n) - 2ay(n-1) + a^2 y(n-2) = (1-a)^2 x(n-2).$$

Das Bild zeigt die zugehörige Realisierungsstruktur (siehe rechter Bildteil 1.16).

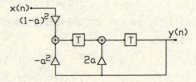

f) Mit $x(n) = s(n)$ erhält man aus der Differenzengleichung folgende Rekursionsformel (Gl. 6.38) für die Sprungantwort

$$y(n) = h(n) = (1-a)^2 s(n-2) + 2ah(n-1) - a^2 h(n-2).$$

Für $n < 2$ wird $h(n) = 0$. Für $n \geq 2$ folgt "schrittweise"

$n = 2$: $h(2) = (1-a)^2 s(0) + 2ah(1) - a^2 h(0) = (1-a)^2,$

$n = 3$: $h(3) = (1-a)^2 s(1) + 2ah(2) - a^2 h(1) = (1-a)^2 + 2a(1-a)^2 = 1 - 3a^2 + 2a^3,$

$n = 4$: $h(4) = (1-a)^2 s(2) + 2ah(3) - a^2 h(2) =$

$$= (1-a)^2 + 2a(1 - 3a^2 + 2a^3) - a^2(1-a)^2 = 1 - 4a^3 + 3a^4 \text{ usw.}.$$

Der Leser kann feststellen, daß man die gleichen Werte mit der oben angegebenen Gleichung für $h(n)$ erhält.

Aufgabe 6.3.2

Das Bild zeigt eine Realisierungsschaltung eines digitalen Filters.

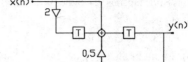

a) Wie lautet die Differenzengleichung des Systems?

b) Ermitteln Sie $G(z)$ und skizzieren Sie das PN-Schema, begründen Sie, daß das System stabil ist.

c) Berechnen Sie die Impulsantwort $g(n)$ und überprüfen Sie die ersten drei nichtverschwindenden Werte mit der Differenzengleichung.

Lösung

a) Aus der Schaltung kann man unmittelbar die folgende Differenzengleichung "ablesen"

$$y(n) = 2x(n-2) + x(n-1) + 0,5y(n-1).$$

b) Nach Gl. 6.37 erhält man mit der oben angegebenen Differenzengleichung

$$G(z) = \frac{2+z}{-0,5z + z^2} = \frac{2+z}{z(z-0,5)}.$$

$G(z)$ hat bei -2 eine Nullstelle und bei 0 und 0,5 Polstellen. Das System ist stabil, weil die Pole im Einheistskreis $|z| < 1$ liegen.

c) Partialbruchentwicklung von $G(z)$ gemäß den Gln. 5.11, 5.12:

$$G(z) = \frac{2+z}{z(z-0,5)} = \frac{A_1}{z} + \frac{A_2}{z-0,5}, \quad A_1 = \{G(z)z\}_{z=0} = -4, A_2 = \{G(z)(z-0,5)\}_{z=0,5} = 5.$$

Mit diesen Werten für A_1 und A_2 wird nach Gl. 6.29

$$g(n) = -4\delta(n-1) + 5s(n-1)0,5^{n-1}.$$

Mit der unter Punkt a ermittelten Differenzengleichung erhält man mit $x(n) = \delta(n)$ und $y(n) = g(n)$ die Rekursionsgleichung

$$g(n) = \delta(n-1) + 2\delta(n-2) + 0,5g(n-1).$$

Für $n < 1$ wird $g(n) = 0$, für $n \geq 1$ erhält man

$n = 1$: $\quad g(1) = \delta(0) + 2\delta(-1) + 0,5g(0) = 1,$

$n = 2$: $\quad g(2) = \delta(1) + 2\delta(0) + 0,5g(1) = 2 + 0,5 = 2,5,$

$n = 3$: $\quad g(3) = \delta(2) + 2\delta(1) + 0,5g(2) = 1,25$ usw..

Diese Werte ergeben sich auch aus der oben angegebenen Gleichung für $g(n)$.

Aufgabe 6.3.3

Das Bild zeigt das PN-Schema der Übertragungsfunktion eines
Systems.

a) Ist das System stabil?

b) Ermitteln Sie $G(z)$, der frei wählbare Faktor soll den Wert
1 haben.

c) Berechnen und skizzieren Sie die Impulsantwort $g(t)$ des
Systems.

d) Geben Sie die Differenzengleichung für das System und
eine Realisierungsschaltung an.

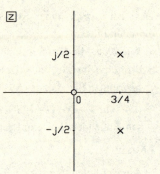

Lösung

a) Der Polabstand vom Koordinatenursprung beträgt $r = \sqrt{(3/4)^2 + (1/2)^2} = \sqrt{13/16} = 0,901$, die
Pole liegen also im Einheitskreis $|z| < 1$, das System ist stabil.

b) Aus dem PN-Schema findet man mit $K = 1$

$$G(z) = K\frac{z}{(z - 3/4 - j/2)(z - 3/4 + j/2)} = \frac{z}{z^2 - 1,5z + 13/16}.$$

c) Partialbruchentwicklung von $G(z)$ gemäß Gln. 5.11, 5.12:

$$G(z) = \frac{z}{(z - 3/4 - j/2)(z - 3/4 + j/2)} = \frac{A_1}{z - 3/4 - j/2} + \frac{A_2}{z - 3/4 + j/2},$$

$$A_1 = \{G(z)(z - 3/4 - j/2)\}_{z = 3/4 + j/2} = \frac{1}{2} - j\frac{3}{4}, \quad A_2 = A^*_1 = \frac{1}{2} + j\frac{3}{4}.$$

Mit diesen Werten für A_1 und A_2 erhält man nach Gl. 6.29

$$g(n) = s(n - 1)\left(\frac{1}{2} - j\frac{3}{4}\right)\left(\frac{3}{4} + j\frac{1}{2}\right)^{n-1} + s(n - 1)\left(\frac{1}{2} + j\frac{3}{4}\right)\left(\frac{3}{4} - j\frac{1}{2}\right)^{n-1}.$$

Zur weiteren Auswertung schreiben wir $3/4 \pm j/2 = \sqrt{13/16}\,e^{\pm j\varphi}$, $\varphi = \text{Arctan}(2/3) = 0,588$ und
erhalten

$$g(n) = s(n - 1)\left(\sqrt{\frac{13}{16}}\right)^{n-1}\left[\left(\frac{1}{2} - j\frac{3}{4}\right)e^{j(n-1)\varphi} + \left(\frac{1}{2} + j\frac{3}{4}\right)e^{-j(n-1)\varphi}\right] =$$

$$= s(n - 1)\left(\sqrt{\frac{13}{16}}\right)^{n-1}\left[\frac{1}{2}(e^{j(n-1)\varphi} + e^{-j(n-1)\varphi}) - j\frac{3}{4}(e^{j(n-1)\varphi} - e^{-j(n-1)\varphi})\right] =$$

$$= s(n - 1)\left(\sqrt{\frac{13}{16}}\right)^{n-1}\{\cos[(n - 1)0,588] + 1,5\sin[(n - 1)0,588]\}.$$

Diese Impulsantwort ist rechts skizziert.

d) Aus dem oben angegebenen Ausdruck für $G(z)$ erhält man nach Gl. 6.37 die Differenzengleichung

$$y(n) - 1{,}5y(n-1) + \frac{13}{16}y(n-2) = x(n-1).$$

Das Bild rechts zeigt eine Realisierungsschaltung für das System.

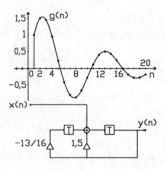

Aufgabe 6.3.4

Die Übertragungsfunktion eines zeitdiskreten Systems lautet

$$G(z) = \frac{z^2 - z + 1}{z(z - 0{,}5)^3}.$$

a) Zeichnen Sie das PN-Schema und begründen Sie, daß das System stabil ist.

b) Ermitteln Sie die Systemreaktion auf $x(n) = s(n)\cos(n\pi/3)$.

Lösung

a) $G(z)$ hat Nullstellen bei $s_{01,2} = 0{,}5 \pm j\sqrt{3}/2$, einen Pol bei $z = 0$ und eine dreifache Polstelle bei $z = 0{,}5$. Das System ist stabil, weil die Pole im Einheitskreis $|z| < 1$ liegen.

b) Aus der Tabelle im Anhang A.3 folgt mit $\omega_0 T = \pi/3$

$$s(n)\cos(n\pi/3) \circ\!\!-\!\!-\!\!-\!\! \frac{z(z - 0{,}5)}{z^2 - z + 1}.$$

Mit dieser Korrespondenz wird (bei Beachtung von Gl. 6.29)

$$Y(z) = G(z)X(z) = \frac{1}{(z - 0{,}5)^{2}}, \quad y(n) = s(n-2)(n-1)0{,}5^{n-2}.$$

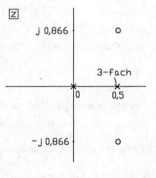

Aufgabe 6.3.5   E

Das Bild zeigt das PN-Schema der Übertragungsfunktion eines zeitdiskreten Systems mit einer Abtastzeit $T = 12{,}5\,\mu s$.

a) Ermitteln Sie $G(z)$, wenn die Übertragungsfunktion bei $f = 0$ den Wert 1 hat.

b) Berechnen Sie den Betrag $|G(j\omega)|$ und skizzieren Sie diese Funktion in Abhängigkeit von f bis zur Frequenz $f_{max} = 1/(2T) = 1/(2 \cdot 12{,}5\,10^{-6}) = 40000\,\text{Hz}$.

c) Geben Sie die Differenzengleichung und eine Schaltung für das System an.

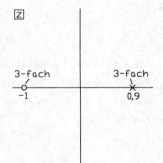

Lösung

a) Aus dem PN-Schema erhält man

$$G(z) = K\frac{(z+1)^3}{(z-0,9)^3}, \quad G(j\omega) = K\frac{(e^{j\omega T}+1)^3}{(e^{j\omega T}-0,9)^3}.$$

Die Bedingung $G(j\omega = 0) = 1$ entspricht der Bedingung $G(z = 1) = 1$ und wir erhalten

$$G(z=1) = 1 = K\frac{2^3}{0,1^3} = K\,8000 = 1, \quad K = \frac{1}{8000}.$$

b) Mit diesem Wert für K wird

$$G(j\omega) = \frac{1}{8000}\frac{(e^{j\omega T}+1)^3}{(e^{j\omega T}-0,9)^3} = \frac{1}{8000}\frac{[\cos(\omega T)+1+j\sin(\omega T)]^3}{[\cos(\omega T)-0,9+j\sin(\omega T)]^3},$$

$$|G(j\omega)| = \frac{1}{8000}\left[\frac{(\cos(\omega T)+1)^2+\sin^2(\omega T)}{(\cos(\omega T)-0,9)^2+\sin^2(\omega T)}\right]^{3/2} = \frac{1}{8000}\left[\frac{2+2\cos(\omega T)}{1,81-1,8\cos(\omega T)}\right]^{3/2}.$$

Diese Betragsfunktion ist rechts bis zu $\omega = \pi/T$ skizziert.
Dem Wert $\omega = \pi/T$ entspricht die (maximale Betriebs-)
Frequenz $f = 1/(2T) = 40000$ Hz. Solange nur der Frequenzbereich von 0 bis zu 40 kHz betrachtet wird, kann hier
von einem zeitdiskreten Tiefpaß gesprochen werden.

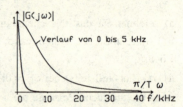

Hinweis:
Wird beim Betrieb eines zeitdiskreten Systems dafür gesorgt, daß die Eingangssignale keine
Spektralanteile oberhalb der Frequenz $1/(2T)$ aufweisen, so bleibt der periodische Verlauf der
Übertragungsfunktion ohne Einfluß auf das Übertragungsverhalten (Bild 1.13, Abschnitt 1.6).

c) Aus dem oben angegebenen Ausdruck für $G(z)$ folgt zunächst

$$G(z) = \frac{1}{8000}\frac{(z+1)^3}{(z-0,9)^3} = \frac{1}{8000}\frac{1+3z+3z^2+z^3}{-0,729+2,43z-2,7z^2+z^3}.$$

Gemäß Gl. 6.39 erhält dann die Differenzengleichung

$$y(n) - 2,7y(n-1) + 2,43y(n-2) - 0,729y(n-3) =$$

$$= \frac{1}{8000}[x(n)+3x(n-1)+3x(n-2)+x(n-3)].$$

Das Bild rechts zeigt eine Realisierungsstruktur. Im
vorliegenden Fall ist es günstig den "Vorfaktor"
durch einen Multiplizierer am Eingang zu
realisieren.

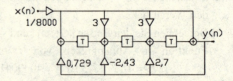

Aufgabengruppe 6.4

Bei diesen Aufgaben werden die Lösungen in kürzerer Form angegeben. Die Aufgaben beziehen sich auf den gesamten Stoff des Lehrbuchabschnittes 6.

Aufgabe 6.4.1   K

Gegeben ist ein verzerrungsfrei übertragendes System mit der Gruppenlaufzeit $T_g = 2T$, wobei T die Abtastzeit des Systems ist.

a) Wie lautet der Zusammenhang zwischen dem Ein- und Ausgangssignal?

b) Ermitteln Sie die Übertragungsfunktion und deren Betrag und Phase.

Lösung

a) Entsprechend der Definition bei kontinuierlichen Systemen (siehe Gl. 4.7) muß hier gelten

$$y(n) = Kx[(n-2)T] = Kx(n-2), \quad K > 0.$$

b) Mit $x(n) = e^{jn\omega T}$ wird

$$y(n) = Ke^{j(n-2)\omega T} = Ke^{-2j\omega T}e^{jn\omega T} = G(j\omega)e^{jn\omega T}, \quad G(j\omega) = Ke^{-j2\omega T}.$$

Aus der Schreibweise $G(j\omega) = |G(j\omega)| \, e^{-jB(\omega)}$ folgt $|G(j\omega)| = K$, $B(\omega) = 2\omega T$.

Aufgabe 6.4.2   K

Die Sprungantwort eines zeitdiskreten Systems lautet $h(n) = s(n)(4 - 0,25^n)$.

a) Berechnen Sie die Impulsantwort des Systems im "Zeitbereich".

b) Berechnen Sie die Impulsantwort im Bildbereich mit der z-Transformation.

Lösung

a) Mit der Beziehung $g(n) = h(n) - h(n-1)$ erhält man schrittweise

$g(n) = 0$ für $n < 0$,

$g(0) = h(0) - h(-1) = h(0) = 3$,

$n \geq 1: g(n) = (4 - 0,25^n) - (4 - 0,25^{n-1}) = 3 \cdot 0,25^n$.

Diese Lösung kann in der Form $g(n) = 3s(n)0,25^n$ geschlossen dargestellt werden.

b) Das Eingangssignal hat die z-Transformierte $X(z) = z/(z-1)$ und das Ausgangssignal $Y(z) = 4z/(z-1) - z/(z-0,25)$. Dann erhält man nach Gl. 6.34

$$G(z) = \frac{Y(z)}{X(z)} = 4 - \frac{z-1}{z-0,25} = 3 + \frac{0,75}{z-0,25},$$

$$g(n) = 3\delta(n) + 0,75s(n-1)0,25^{n-1} = 3\delta(n) + 3s(n-1)0,25^n = 3s(n)0,25^n.$$

Aufgabe 6.4.3   K

Das Bild zeigt die Schaltung eines zeitdiskreten Systems.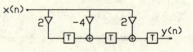
a) Wie lautet die Differenzengleichung?
b) Ermitteln Sie die Impulsantwort des Systems durch
   Lösung der Differenzengleichung.
c) Ermitteln Sie $G(z)$, skizzieren Sie das PN-Schema und berechnen Sie die Impulsantwort
   durch Rücktransformation von $G(z)$.

Lösung

a) Aus der Schaltung erhält man

$$y(n) = 2x(n-3) - 4x(n-2) + 2x(n-1).$$

b) Mit $x(n) = \delta(n)$, $y(n) = g(n)$ folgt aus der Differenzengleichung

$$g(n) = 2\delta(n-3) - 4\delta(n-2) + 2\delta(n-1).$$

Es gilt $g(n) = 0$ für $n < 1$, $g(1) = 2$, $g(2) = -4$, $g(3) = 2$ und $g(n) = 0$ für $n > 3$.

c) Die Differenzengleichung hat die (allgemeine) Form

$$y(n) + d_2 y(n-1) + d_1 y(n-2) + d_0 y(n-3) = c_3 x(n) + c_2 x(n-2) + c_1 x(n-2) + c_0 x(n-3)$$

mit den Koeffizienten $d_2 = d_1 = d_0 = 0$, $c_3 = 0$, $c_2 = 2$, $c_1 = -4$,

$c_0 = 2$. Dann wird (Gln. 6.28, 6.39)

$$G(z) = \frac{2 - 4z + 2z^2}{z^3} = 2z^{-3} - 4z^{-2} + 2z^{-1}.$$

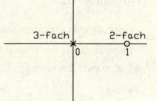

Aus der rechten Form von $G(z)$ erhält man durch
Rücktransformation (siehe Gl. 6.29) die Impulsantwort

$$g(n) = 2\delta(n-3) - 4\delta(n-2) + 2\delta(n-1).$$

Aus der linken Form von $G(z)$ erkennt man, daß bei $z = 1$ eine
doppelte Nullstelle und bei $z = 0$ eine dreifache Polstelle
auftritt. Das PN-Schema ist rechts skizziert.

Aufgabe 6.4.4   K

Das Bild zeigt das PN-Schema der Übertragungsfunktion $G(z)$
eines Systems.
a) Ermitteln Sie $G(z)$ mit der Bedingung $G(j\omega = 0) = 1$.
b) Stellen Sie die Differenzengleichung für das System auf und
   ermitteln Sie die ersten drei nichtverschwindenden Werte
   der Systemreaktion auf $x(n) = s(n) \cdot n$.
c) Ermitteln Sie die Systemreaktion auf $x(n) = s(n) \cdot n$ mit
   Hilfe der Beziehung $Y(z) = G(z)X(z)$.

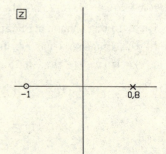

Lösung

a) Aus dem PN-Schema folgt (mit $G(j\omega = 0) = G(z = 1) = 1$)

$$G(z) = K\frac{z+1}{z-0,8}, \quad 1 = K\frac{2}{0,2} = 10K, \quad G(z) = \frac{1}{10}\frac{z+1}{z-0,8}.$$

b) $$y(n) - 0,8y(n-1) = 0,1x(n) + 0,1x(n-1).$$

Mit $x(n) = s(n) \cdot n$ erhält man aus dieser Differenzengleichung

$$y(n) = 0,1s(n)n + 0,1s(n-1)(n-1) + 0,8y(n-1).$$

Daraus folgt $y(n) = 0$ für $n < 1$, $y(1) = 0,1$, $y(2) = 0,1 \cdot 2 + 0,1 + 0,8 \cdot 0,1 = 0,38$, $y(3) = 0,1 \cdot 3 + 0,1 \cdot 2 + 0,8 \cdot 0,38 = 0,804$.

c) Mit der Korrespondenz $s(n)n$ O—$z/(z-1)^2$ wird

$$Y(z) = \frac{1}{10}\frac{z(z+1)}{(z-1)^2(z-0,8)} = \frac{-3,5}{z-1} + \frac{1}{(z-1)^2} + \frac{3,6}{z-0,8},$$

$$y(n) = -3,5s(n-1) + 3,6s(n-1)0,8^{n-1} + s(n-2)(n-1).$$

Aufgabe 6.4.5 K

Die Übertragungsfunktion eines zeitdiskreten Systems lautet

$$G(j\omega) = e^{-j\omega T} - 2e^{-3j\omega T} + e^{-5j\omega T}.$$

a) Wie groß ist die maximale Betriebsfrequenz dieses Systems?
b) Ermitteln Sie $G(z)$ und das PN-Schema und begründen Sie, daß das System stabil ist.
c) Ermitteln Sie die Impulsantwort des Systems.

Lösung

a) Maximale Betriebsfrequenz $f_{max} = 1/(2T)$.

b) Mit $e^{j\omega T} = z$ erhält man

$$G(z) = z^{-1} - 2z^{-3} + z^{-5} = \frac{1 - 2z^2 + z^4}{z^5}.$$

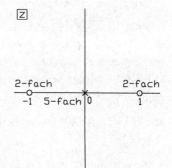

$G(z)$ hat bei $z = 0$ eine 5-fache Polstelle und bei $z = -1$ und $z = 1$ jeweils doppelte Nullstellen. Das System ist stabil, weil die Pole im Einheitskreis $|z| < 1$ liegen.

c) Aus der oben angegebenen linken Form für $G(z)$ erhält man die Impulsantwort

$$g(n) = \delta(n-1) - 2\delta(n-3) + \delta(n-5).$$

7 Stochastische Signale

Die Beispiele dieses Abschnittes beziehen sich auf den 7. (bei den älteren Auflagen 6.) Abschnitt des Lehrbuches. Sie sind in drei Gruppen unterteilt. Die Aufgabengruppe 7.1 enthält fünf Aufgaben zur Beschreibung von Zufallssignalen im Zeitbereich mit Korrelationsfunktionen. Bei den sechs Aufgaben im Abschnitt 7.2 werden die Zufallssignale durch ihre spektralen Leistungsdichten beschrieben. Schließlich enthält die Aufgabengruppe 7.3 fünf weitere Beispiele, die sich auf den gesamten Stoff beziehen und bei denen die Lösungen in kürzerer Form mit weniger Erklärungen angegeben sind.

Dem Leser wird empfohlen, die mit "E" gekennzeichneten Aufgaben zuerst zu bearbeiten. Es handelt sich hierbei um besonders charakteristische Aufgaben mit detaillierten Lösungen und oft auch noch zusätzlichen Hinweisen. Die Bezeichnung "K" bedeutet, daß die Lösungen nur in einer Kurzform angegeben sind. Die wichtigsten zur Lösung der Aufgaben erforderlichen Gleichungen sind im Abschnitt 1.7 zusammengestellt.

Aufgabengruppe 7.1

Die Aufgaben dieser Gruppe befassen sich mit der Beschreibung von Zufallssignalen durch Korrelationsfunktionen.

Aufgabe 7.1.1   E

Gegeben ist ein Zufallssignal
$$X(t) = \cos(\omega t + \Phi).$$
Darin ist Φ eine im Bereich von 0 bis 2π gleichverteilte Zufallsgröße mit der rechts skizzierten Dichtefunktion.

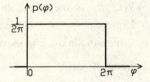

a) Beweisen Sie, daß es sich bei $X(t)$ um ein stationäres Zufallssignal handelt.

b) Zeigen Sie, daß $X(t)$ ergodisch ist.

Lösung

a) Stationär ist ein Zufallssignal, wenn Mittelwert $\mathrm{E}[X(t)]$ und zweites Moment $\mathrm{E}[X^2(t)]$ zeitunabhängig sind und zusätzlich der Erwartungswert (die Autokorrelationsfunktion) $\mathrm{E}[X(t)X(t+\tau)]$ nur von τ abhängt, also ebenfalls zeitunabhängig ist. Zum Beweis dieser Zeitunabhängigkeit müssen die Erwartungswerte als "Ensemblemittelwerte" berechnet werden.

Mit $X(t) = \cos(\omega t + \Phi) = \cos(\omega t)\cos\Phi - \sin(\omega t)\sin\Phi$ erhält man gemäß Gl. 9.11 den Mittelwert
$$\mathrm{E}[X(t)] = \cos(\omega t)\,\mathrm{E}[\cos\Phi] - \sin(\omega t)\,\mathrm{E}[\sin\Phi].$$
Dabei wird mit der oben skizzierten Dichtefunktion nach Gl. 9.4

$$\mathrm{E}[\cos\Phi] = \int_{-\infty}^{\infty} \cos\varphi\, p(\varphi)d\varphi = \frac{1}{2\pi}\int_0^{2\pi}\cos\varphi\, d\varphi = 0,$$

$$\mathrm{E}[\sin\Phi] = \int_{-\infty}^{\infty} \sin\varphi\, p(\varphi)d\varphi = \frac{1}{2\pi}\int_0^{2\pi}\sin\varphi\, d\varphi = 0.$$

Wir erhalten den zeitunabhängigen Mittelwert $E[X(t)] = 0$.

Mit $X^2(t) = \cos^2(\omega t)\cos^2\Phi + \sin^2(\omega t)\sin^2\Phi - 2\cos(\omega t)\sin(\omega t)\cos\Phi\sin\Phi$ wird gemäß Gl. 9.11

$$E[X^2(t)] = \cos^2(\omega t)\,E[\cos^2\Phi] + \sin^2(\omega t)\,E[\sin^2\Phi] - 2\cos(\omega t)\sin(\omega t)\,E[\cos\Phi\sin\Phi].$$

Mit der oben skizzierten Dichtefunktion erhält man gemäß Gl. 9.4 nach elementarer Rechnung die Erwartungswerte

$$E[\cos^2\Phi] = \int_{-\infty}^{\infty}\cos^2\varphi\,p(\varphi)d\varphi = \frac{1}{2\pi}\int_0^{2\pi}\cos^2\varphi\,d\varphi = \frac{1}{2},$$

$$E[\sin^2\Phi] = \int_{-\infty}^{\infty}\sin^2\varphi\,p(\varphi)d\varphi = \frac{1}{2\pi}\int_0^{2\pi}\sin^2\varphi\,d\varphi = \frac{1}{2},$$

$$E[\cos\Phi\sin\Phi] = \int_{-\infty}^{\infty}\cos\varphi\sin\varphi\,p(\varphi)d\varphi = \frac{1}{2\pi}\int_0^{2\pi}\cos\varphi\sin\varphi\,d\varphi = 0.$$

Mit diesen Erwartungswerten ergibt sich ein ebenfalls zeitunabhängiges 2. Moment
$$E[X^2(t)] = 0,5\cos^2(\omega t) + 0,5\sin^2(\omega t) = 0,5.$$

Zur Ermittlung der Autokorrelationsfunktion $E[X(t)X(t+\tau)]$ berechnen wir zunächst das Produkt

$$X(t)X(t+\tau) = \cos(\omega t + \Phi)\cos(\omega(t+\tau) + \Phi) = 0,5\cos(\omega\tau) + 0,5\cos(2\omega t + \omega\tau + 2\Phi) =$$

$$= 0,5\cos(\omega\tau) + 0,5\cos(2\omega t + \omega\tau)\cos(2\Phi) - 0,5\sin(2\omega t + \omega\tau)\sin(2\Phi).$$

Dann wird
$$E[X(t)X(t+\tau)] = 0,5\cos(\omega\tau) + 0,5\cos(2\omega t + \omega\tau)\,E[\cos(2\Phi)] - 0,5\sin(2\omega t + \omega\tau)\,E[\sin(2\Phi)]$$
und mit den Erwartungswerten

$$E[\cos(2\Phi)] = \int_{-\infty}^{\infty}\cos(2\varphi)\,p(\varphi)d\varphi = \frac{1}{2\pi}\int_0^{2\pi}\cos(2\varphi)\,d\varphi = 0,$$

$$E[\sin(2\Phi)] = \int_{-\infty}^{\infty}\sin(2\varphi)p(\varphi)d\varphi = \frac{1}{2\pi}\int_0^{2\pi}\sin(2\varphi)\,d\varphi = 0$$

erhält man die zeitunabhängige Autokorrelationsfunktion
$$E[X(t)X(t+\tau)] = 0,5\cos(\omega\tau) = R_{XX}(\tau).$$

Damit wurde bewiesen, daß $X(t) = \cos(\omega t + \Phi)$ mit der oben skizzierten Dichtefunktion für den Winkel Φ ein stationäres Zufallssignal ist. Mittelwert $E[X(t)]$ und 2. Moment $E[X^2(t)]$ sind zeitunabhängig, die Autokorrelationsfunktion ist nur von τ abhängig.

b) Die Stationarität ist eine notwendige Voraussetzung für die Ergodizität. Ergodisch ist das Zufallssignal genau dann, wenn die oben berechneten Ensemblemittelwerte mit den entsprechenden Zeitmittelwerten übereinstimmen. Der Zeitmittelwert von $X(t)$ berechnet sich nach Gl. 7.4. Dabei ist $x(t) = \cos(\omega t + \varphi)$ eine Realisierung des Zufallsprozesses. Dies bedeutet, daß φ ein beliebiger Winkel im Bereich $0 \le \varphi \le 2\pi$ ist. Dann erhält man

$$E[X] = \lim_{T \to \infty} \frac{1}{2T} \int_{-T}^{T} x(t)dt = \lim_{T \to \infty} \frac{1}{2T} \int_{-T}^{T} \cos(\omega t + \varphi)dt =$$

$$= \lim_{t \to \infty} \frac{1}{2T} \frac{1}{\omega} \sin(\omega t + \varphi) \Big|_{-T}^{T} = \lim_{T \to \infty} \frac{1}{2T} \frac{2}{\omega} \sin(2\omega T + \varphi) = 0,$$

also das gleiche Ergebnis wie bei Punkt a.

Die Berechnung des 2. Momentes als Zeitmittelwert erfolgt gemäß Gl. 7.4. Mit der Realisierung $x(t) = \cos(\omega t + \varphi)$ erhält man nach elementarer Rechnung

$$E[X^2] = \lim_{T \to \infty} \frac{1}{2T} \int_{-T}^{T} x^2(t)dt = \lim_{T \to \infty} \frac{1}{2T} \int_{-T}^{T} \cos^2(\omega t + \varphi)dt = \frac{1}{2}$$

und stellt auch hier die Übereinstimmung mit dem entsprechenden Ensemblemittelwert fest.

Mit $x(t)x(t+\tau) = \cos(\omega t + \varphi)\cos(\omega(t+\tau) + \varphi) = 0,5\cos(\omega\tau) + 0,5\cos(2\omega t + \omega\tau + 2\varphi)$ erhält man nach elementarer Rechnung (mit Gl. 7.4)

$$R_{XX}(\tau) = \lim_{T \to \infty} \frac{1}{2T} \int_{-T}^{T} x(t)x(t+\tau)dt =$$

$$= \lim_{T \to \infty} \frac{1}{2T} \int_{-T}^{T} 0,5\cos(\omega\tau)dt + \lim_{T \to \infty} \frac{1}{2T} \int_{-T}^{T} 0,5\cos(2\omega t + \omega\tau + 2\varphi)dt = 0,5\cos(\omega\tau).$$

Auch hier stimmen Ensemble- und Zeitmittelwert überein. Damit wurde bewiesen, daß es sich hier um ein ergodisches Zufallssignal handelt.

Aufgabe 7.1.2   E

Gegeben ist ein ergodisches normalverteiltes Signal $N(t)$ mit der rechts skizzierten Autokorrelationsfunktion

$$R_{NN}(\tau) = \sigma^2 e^{-k|\tau|}.$$

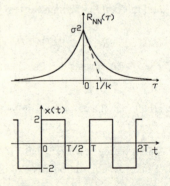

Dieses Zufallssignal $N(t)$ hat die gleiche mittlere Leistung wie das ebenfalls rechts skizzierte periodische Signal $x(t)$. Weiterhin ist bekannt, daß der Korrelationskoeffizient zwischen den Zufallsgrößen $N(t)$ und $N(t+5)$ den Wert 0,2 hat.

a) Wie groß ist die mittlere Leistung des periodischen Signales? Ermitteln und skizzieren Sie die Autokorrelationsfunktion von $x(t)$.

b) Wie groß ist der Mittelwert des Zufallssignales $N(t)$? Bestimmen Sie die noch nicht festgelegten Parameter σ^2 und k in der Funktion $R_{NN}(\tau)$.

c) Wie lautet die Wahrscheinlichkeitsdichte $p(n)$? Skizzieren Sie diese Dichtefunktion.

d) Geben Sie denjenigen Bereich $-\hat{n} < N(t) < \hat{n}$ an, in dem das Zufallsignal mit einer Wahrscheinlichkeit von 0,997 liegt.

Lösung

a) Im vorliegenden Fall erhält man für $x^2(t)$ den konstanten Wert 4 und damit hat (nach Gl. 7.4) auch die mittlere Leistung diesen Wert $P_x = 4$. Zur Berechnung der Autokorrelationsfunktion des periodischen Signales $x(t)$ entwickelt man $x(t)$ in eine Fourier-Reihe (siehe Gl. 3.1):

$$x(t) = \frac{8}{\pi}\left(\sin(\omega_0 t) + \frac{1}{3}\sin(3\omega_0 t) + \frac{1}{5}\sin(5\omega_0 t) + \ldots\right), \quad \omega_0 = \frac{2\pi}{T}.$$

Daraus erhält man gemäß Gl. 7.7 (unter Beachtung von $\sin x = \cos(x - \pi/2)$)

$$R_{XX}(\tau) = \frac{32}{\pi^2}\left(\cos(\omega_0 t) + \frac{1}{9}\cos(3\omega_0 t) + \frac{1}{25}\cos(5\omega_0 t) + \ldots\right).$$

Normalerweise muß man nun den Verlauf von $R_{XX}(\tau)$ punktweise berechnen. Ein Blick in eine Tabelle über Fourier-Reihen zeigt jedoch, daß $R_{XX}(\tau)$ den rechts unten skizzierten Verlauf aufweist. Der Wert $R_{XX}(0) = 4$ entspricht der mittleren Signalleistung, die oben schon berechnet wurde.

Hinweis:

Im vorliegenden Fall kann $R_{XX}(\tau)$ auch noch auf eine einfachere Art ermittelt werden. Zu diesem Zweck untersuchen wir, wie das Produkt $x(t)x(t-\tau)$ aussieht. Bei $\tau = 0$ erhalten wir $x^2(t) = 4$ und damit auch den Mittelwert $R_{XX}(0) = 4$. Bei $\tau = T/2$ ist das 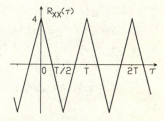 Produkt aus $x(t)$ und der um $T/2$ verschobenen Funktion $x(t-T/2)$ zu ermitteln. Offenbar wird $x(t)x(t-T/2) = -4$ und damit auch $R_{XX}(-T/2) = R_{XX}(T/2) = -4$. Für Zwischenwerte $0 < \tau < T/2$ nimmt die Fläche unter $x(t)x(t-\tau)$ linear ab (siehe Bild). Entsprechend erklärt sich der Verlauf für die Werte von $\tau > T/2$.

b) Wegen $R_{NN}(\infty) = 0$ gilt $E[N(t)] = 0$ (siehe Gl. 7.6). Die mittlere Signalleistung hat den Wert $R_{NN}(0) = \sigma^2$. Da sie den gleichen Wert wie die mittlere Signalleistung des periodischen Signales haben soll, wird $\sigma^2 = 4$. Der Korrelationskoeffizient zwischen den Zufallsgrößen $N(t)$ und $N(t+\tau)$ wird nach Gl. 7.6 mit $R_{NN}(\infty) = 0$

$$r = \frac{R_{NN}(\tau)}{R_{NN}(0)} = e^{-k|\tau|}.$$

Nach der Aufgabenstellung hat der Korrelationskoeffizient für $\tau = 5$ den Wert 0,2 und wir erhalten aus der oben angegebenen Beziehung $0{,}2 = e^{-5k}$, $5k = -\ln 0{,}2 = 1{,}609$, $k = 0{,}3219$.

c) Nach Gl. 9.6 wird mit $\sigma^2 = 4$

$$p(n) = \frac{1}{2\sqrt{2\pi}}e^{-n^2/8}.$$

$p(n)$ ist rechts skizziert, die Wendepunkte liegen bei $n = \pm\sigma = \pm2$.

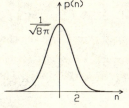

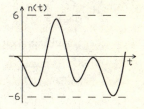

d) Eine normalverteilte Zufallsgröße tritt mit einer Wahrscheinlichkeit von 0,997 im "3 σ-Bereich" auf. Wegen $E[N(t)] = 0$ und $\sigma = 2$ ist dies hier der Bereich von -6 bis 6. Im Bild oben rechts ist eine Realisierung des Zufallssignales dargestellt und der Bereich, in dem die Signalwerte mit einer Wahrscheinlichkeit von 0,997 auftreten.

Aufgabe 7.1.3

Gegeben ist ein periodisches Signal $x(t) = A\cos(\omega t) + B\cos(2\omega t)$ sowie ein stationärer Zufallsprozeß $N(t)$ mit der Autokorrelationsfunktion $R_{NN}(\tau) = 0,2e^{-|\tau|}$.

a) Welche Beziehung besteht zwischen den Amplituden A und B bei dem periodischen Signal, wenn die mittlere Signalleistung von $N(t)$ 10-mal so groß wie die von $x(t)$ ist?

b) Wie groß sind A und B, wenn die 2. Harmonische die halbe Leistung der ersten Harmonischen hat?

c) Wie lautet die Autokorrelationsfunktion von $x(t)$?

Lösung

a) Die mittlere Leistung von $x(t)$ beträgt $P_x = 0,5A^2 + 0,5B^2$ (siehe z.B. Gl. 7.7 mit $\tau = 0$). $N(t)$ hat die mittlere Leistung $R_{NN}(0) = 0,2$. Damit folgt $0,5A^2 + 0,5B^2 = 0,1 \cdot R_{NN}(0) = 0,02$ oder $A^2 + B^2 = 0,04$.

b) Es muß $(0,5A^2) = 2(0,5B^2)$ sein und mit $A^2 + B^2 = 0,04$ folgt daraus nach elementarer Rechnung $A = 0,1633$, $B = 0,1155$.

c) Gemäß Gl. 7.7 erhält man die Autokorrelationsfunktion

$$R_{XX}(\tau) = 0,5A^2\cos(\omega\tau) + 0,5B^2\cos(2\omega\tau) = 0,0133\cos(\omega\tau) + 0,00667\cos(2\omega\tau).$$

Aufgabe 7.1.4

Ein Korrelator soll die Kreuzkorrelationsfunktion $R_{XY}(\tau)$ zwischen den Signalen $X(t) = N(t)$ und $Y(t) = 3N(t) + M(t)$ messen. Die Autokorrelationsfunktion von $N(t)$ lautet $R_{NN}(\tau) = 0,2e^{-0,5|\tau|}\cos(\tau)$. Das stationäre Signal $M(t)$ soll unabhängig von $N(t)$ sein. Man berechne und skizziere die vom Korrelator gemessene Funktion $R_{XY}(\tau)$.

Lösung

Mit

$$X(t)Y(t+\tau) = N(t)[3N(t+\tau) + M(t+\tau)] = 3N(t)N(t+\tau) + N(t)M(t+\tau)$$

wird

$$R_{XY}(\tau) = E[X(t)Y(t+\tau)] = 3\,E[N(t)N(t+\tau)] + E[N(t)M(t+\tau)] = 3R_{NN}(\tau) + R_{NM}(\tau).$$

Wegen der Unabhängigkeit von $N(t)$ und $M(t)$ verschwindet der Korrelationskoeffizient (siehe Gl. 7.10):

$$r_{NM} = \frac{R_{NM}(\tau) - E[N(t)]\,E[M(t+\tau)]}{\sigma_N\sigma_M} = 0.$$

Aus der Eigenschaft $R_{NN}(\infty) = 0$ folgt $E[N(t)] = 0$ und damit

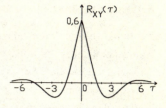

wird $R_{NM}(\tau) = 0$. Wir erhalten daher die rechts skizzierte Kreuzkorrelationsfunktion

$$R_{XY}(\tau) = 3R_{NN}(\tau) = 0,6e^{-0,5|\tau|}\cos(\tau).$$

Aufgabe 7.1.5

Es ist bekannt, daß die Autokorrelationsfunktion eines Zufallssignales die Form

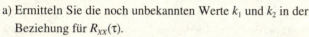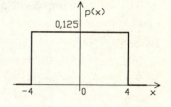

$$R_{XX}(\tau) = k_1 e^{-|\tau|} + k_2$$

hat. Rechts ist die Wahrscheinlichkeitsdichte $p(x)$ des Zufallssignales skizziert.

a) Ermitteln Sie die noch unbekannten Werte k_1 und k_2 in der Beziehung für $R_{XX}(\tau)$.

b) Wie groß ist die Wahrscheinlichkeit dafür, daß das Zufallssignal Werte im Bereich von 0,5 bis 1,5 annimmt?

c) Geben Sie die Amplitude $\hat{x}$ eines Signales $\tilde{x}(t) = \hat{x}\cos(\omega t)$ an, das die gleiche mittlere Leistung wie das Zufallssignal hat.

Lösung

a) Aus der oben skizzierten Dichtefunktion erkennt man unmittelbar, daß das Signal mittelwertfrei ist, also $E[X] = 0$. Wegen der Eigenschaft $R_{XX}(\infty) = k_2 = (E[X])^2$ folgt $k_2 = 0$. Die mittlere Leistung von $X(t)$ kann im vorliegenden Fall nach Gl. 9.3 berechnet werden. Man erhält bei der hier vorliegenden Dichtefunktion

$$E[X^2] = \int_{-\infty}^{\infty} x^2 p(x)dx = \frac{1}{8}\int_{-4}^{4} x^2 dx = \frac{1}{24}x^3 \Big|_{-4}^{4} = \frac{16}{3} = 5,333.$$

Mit der Bedingung $E[X^2] = R_{XX}(0) = k_1$ erhalten wir $k_1 = 16/3$. Damit lautet die Autokorrelationsfunktion $R_{XX}(\tau) = 5,333e^{-|\tau|}$.

b) Nach Gl. 9.2 erhalten wir mit der oben skizzierten Dichtefunktion

$$P(0,5 < X < 1,5) = \int_{0,5}^{1,5} p(x)dx = \frac{1}{8}\int_{0,5}^{1,5} dx = \frac{1}{8}.$$

c) Das Signal $\tilde{x}(t)$ hat eine mittlere Leistung von $\hat{x}^2/2$. Aus dieser Beziehung folgt mit der oben berechneten mittleren Leistung des Zufallssignales $\hat{x} = \sqrt{32/3} = 3,266$.

Aufgabengruppe 7.2

Bei den Aufgaben in dieser Gruppe werden die Zufallssignale im Frequenzbereich durch ihre spektralen Leistungsdichten beschrieben.

Aufgabe 7.2.1   E

Ein mittelwertfreies normalverteiltes Signal liegt mit einer
Wahrscheinlichkeit von 0,997 im Bereich von -1,5 bis 1,5. Das
Bild zeigt die spektrale Leistungsdichte dieses Signales.

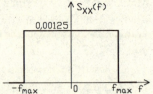

a) Wie bezeichnet man ein Zufallssignal mit einer solchen
   spektralen Leistungsdichte?
b) Man berechne den Wert f_{max} bei $S_{XX}(f)$.
c) Ermitteln und skizzieren Sie die Autokorrelationsfunktion des Zufallssignales.
d) Wie groß ist die Amplitude eines Signales $\tilde{x}(t) = \hat{x}\cos(\omega t - \pi/3)$ bei gleicher mittlerer Leistung
   wie bei dem Zufallssignal?

Lösung

a) Es handelt sich um bandbegrenztes weißes Rauschen (siehe Gl 7.16).

b) Bei einer mittelwertfreien normalverteilten Zufallsgröße liegen die Werte mit einer
Wahrscheinlichkeit von 0,997 im Bereich von -3σ bis 3σ (siehe Abschnitt 1.9). Damit wird
$\sigma = 0,5$ und die mittlere Signalleistung hat den Wert $\sigma^2 = P_X = 0,25$. Die mittlere Signalleistung
entspricht der Fläche unter (der über f aufgetragenen) spektralen Leistungsdichte (Gl. 7.13).
Aus dem Bild für $S_{XX}(f)$ folgt demnach $P_X = 2 \cdot f_{max} 0,00125 = 0,25$ und daraus $f_{max} = 100$.

c) Wir erhalten nach Gl. 7.11 mit $\omega = 2\pi f$ und der oben skizzierten spektralen Leistungsdichte

$$R_{XX}(\tau) = \int_{-\infty}^{\infty} S_{XX}(f)e^{j2\pi f\tau}df = \int_{-100}^{100} 0,00125 e^{j2\pi f\tau}df =$$

$$= \frac{0,00125}{j2\pi\tau} e^{j2\pi f\tau}\Big|_{-100}^{100} = \frac{0,00125}{j2\pi\tau}(e^{j2\pi 100\tau} - e^{-j2\pi 100\tau}).$$

Mit $e^{jx} - e^{jx} = 2j\sin x$ erhält man daraus die rechts skizzierte
Autokorrelationsfunktion

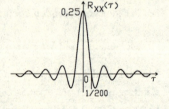

$$R_{XX}(\tau) = 0,0025\frac{\sin(100 \cdot 2\pi\tau)}{2\pi\tau}.$$

d) Die mittlere Leistung von $\tilde{x}(t)$ soll den Wert $P_X = 0,25$
haben. Dann gilt $0,25 = \hat{x}^2/2$ und $\hat{x} = 1/\sqrt{2}$.

Aufgabe 7.2.2

Das Bild zeigt zwei Funktionen $f_1(\tau)$
und $f_2(\tau)$. Es ist zu untersuchen, ob
diese Funktionen Autokorrelationsfunktionen stationärer Zufallssignale
sein können.

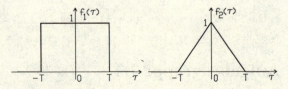

Lösung

Eine Autokorrelationsfunktion muß eine gerade Funktion sein, die bei $\tau = 0$ ein absolutes Maximum aufweist. Diese beiden notwendigen Bedingungen werden von beiden Funktionen erfüllt. Zur Kontrolle, ob eine gerade Funktion $f(\tau)$ mit absolutem Maximum bei $\tau = 0$ tatsächlich eine Autokorrelationsfunktion sein kann, berechnet man am besten die Fourier-Transformierte $F(j\omega)$ dieser Funktion. Diese (reelle) Funktion $F(j\omega)$ muß die Eigenschaften einer spektralen Leistungsdichte aufweisen, d.h. es muß gelten $F(j\omega) \geq 0$ für alle ω.

a) Funktion $f_1(\tau)$ links im Bild.

Nach Gl. 3.3 lautet die Fourier-Transformierte dieser Funktion

$$F_1(j\omega) = \int_{-\infty}^{\infty} f_1(\tau) e^{-j\omega\tau} d\tau = \int_{-T}^{T} e^{-j\omega\tau} d\tau = \frac{-1}{j\omega} e^{-j\omega\tau} \bigg|_{-T}^{T} = \frac{1}{j\omega}(e^{j\omega T} - e^{-j\omega T}) = \frac{2\sin(\omega T)}{\omega}.$$

Diese Funktion erfüllt offenbar nicht die Bedingung $F_1(j\omega) \geq 0$ für alle ω, damit kann es sich bei der oben links skizzierten Funktion $f_1(\tau)$ um keine Autokorrelationsfunktion handeln.

b) Funktion $f_2(\tau)$ rechts im Bild (siehe auch Aufgabe 3.1.6).

Wir entnehmen hier die Fourier-Transformierte aus der Korrespondenzentabelle im Anhang A.1 (vorletzte Funktion in der linken Spalte) und erhalten

$$F_2(j\omega) = \frac{4\sin^2(\omega T/2)}{T\omega^2}.$$

Diese Funktion kann keine negativen Werte annehmen und kann daher die spektrale Leistungsdichte eines Zufallssignales sein. Dies bedeutet, daß die rechts im Bild skizzierte Funktion $f_2(\tau)$ eine Autokorrelationsfunktion sein kann.

Aufgabe 7.2.3

Das Bild (auf der folgenden Seite) zeigt links oben eine Zusammenschaltung von drei "rauschenden" Widerständen der Größe R mit unterschiedlichen Temperaturen.

a) Wie groß ist der Effektivwert der Rauschspannung an den äußeren Klemmen der Schaltung, wenn die Temperaturen gleich groß sind. Berechnen Sie den Zahlenwert der Rauschspannung im Fall $R = 10^7$ Ohm, $T = 300$ K bei einer Bandbreite von 10 MHz. ·

b) Ermitteln Sie die Rausch-Ersatzspannungsquelle für die Widerstandsschaltung.

Lösung

a) Bei gleichen Temperaturen erhält man eine Ersatzschaltung gemäß Bild 1.20 mit dem Gesamtwiderstand $3R/2$ und einer Rauschspannungsquelle mit der spektralen Leistungsdichte $S_{UU}(\omega) = 2kT3R/2$. Darin ist $k = 1,3803\,10^{-23}$ J/K die Bolzmannsche Konstante. Diese Ersatzschaltung entspricht der ganz unten rechts im Bild, wenn $T_1 = T_2 = T_3 = T$ gesetzt wird. Eine (gedachte) Messung der Rauschspannung an dem Widerstand kann nur durch ein Meßgerät mit einer (endlichen) Bandbreite f_{max} erfolgen. Das Meßgerät mißt dann zunächst die mittlere Rauschleistung (siehe Gln. 7.13, 7.14)

$$E[U^2] = \int_{-f_{max}}^{f_{max}} S_{UU}(f)df = 2f_{max}2kT3R/2$$

und angezeigt wird die Wurzel aus diesem Wert

$$U_{eff} = \sqrt{6f_{max}kRT}\,.$$

Mit den angegebenen Zahlenwerten erhält man aus dieser Gleichung den Wert $U_{eff} = 1,58$ mV.

b) Im Bild ist die Entwicklung der Rausch-Ersatzschaltung dargestellt. Zunächst wird jeder Widerstand durch eine Ersatzschaltung gemäß Bild 1.20 ersetzt. Bei parallelgeschalteten Widerständen ist die Strom-Ersatzschaltung zu verwenden, bei Reihenschaltungen die Spannungs-Ersatzschaltung. Die so entstehende Schaltung wird schrittweise vereinfacht. Dabei werden Strom- in Spannungs-Ersatzschaltungen umgerechnet und die spektralen Leistungsdichten werden addiert. Weitere Informationen zu diesem Problem findet der Leser im Lehrbuchabschnitt 7.5.5.

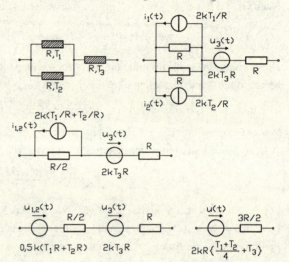

Aufgabe 7.2.4

Das Bild zeigt die Autokorrelationsfunktion
$$R_{XX}(\tau) = 0,04e^{-|\tau|}$$
eines Zufallssignales.

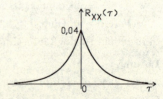

a) Ermitteln und skizzieren Sie die spektrale Leistungsdichte $S_{XX}(\omega)$.

b) Ermitteln und skizzieren Sie die Dichtefunktion $p(x)$ im Falle einer Normalverteilung.

c) Ermitteln und skizzieren Sie die Dichtefunktion $p(x)$ im Falle einer Gleichverteilung.

Lösung

a) Aus der Tabelle im Anhang A.1 entnehmen wir die Fourier-Transformierte der Autokorrelationsfunktion

$$S_{XX}(\omega) = \frac{0,08}{1+\omega^2}.$$

Diese spektrale Leistungsdichte ist rechts skizziert.

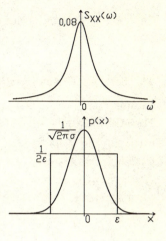

b) Wegen $R_{XX}(\infty) = (E[X])^2 = 0$ liegt ein mittelwertfreies Zufallssignal mit der Streuung $\sigma^2 = R_{XX}(0) = 0,04$ vor. Dann wird im Falle einer Normalverteilung

$$p(x) = \frac{1}{\sqrt{2\pi}\,\sigma} e^{-x^2/(2\sigma^2)}$$

mit $\sigma = 0,2$. Diese Dichtefunktion ist rechts skizziert.

c) Bei einem gleichverteilten Signal hat $p(x)$ eine Form nach Bild 1.22 mit $\sigma^2 = \varepsilon^2/3$. Wir erhalten die im Bild rechts skizzierte Dichte mit $\varepsilon = 0,346$.

Aufgabe 7.2.5

Das Bild zeigt die Dichtefunktion eines normalverteilten Zufallssignales. Es ist bekannt, daß die Autokorrelationsfunktion folgende Form hat:

$$R_{XX}(\tau) = c\,e^{-|\tau|} + d.$$

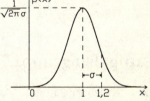

a) Mit welcher Wahrscheinlichkeit liegen die Signalwerte im Bereich von 0,6 bis 1,4?

b) Ermitteln Sie die Konstanten c und d in dem Ausdruck von $R_{XX}(\tau)$.

c) Ermitteln und skizzieren Sie die spektrale Leistungsdichte des Zufallssignales.

Lösung

a) Aus dem Bild von $p(x)$ entnimmt man den Erwartungswert $E[X] = 1$ und die Standardabweichung $\sigma = 0,2$. Der Bereich von 0,6 bis 1,4 ist offenbar der 2σ-Bereich in dem die Werte mit einer Wahrscheinlichkeit von 0,954 auftreten (siehe Abschnitt 1.9).

b) Aus der Beziehung $R_{XX}(\infty) = d = (E[X])^2 = 1$ folgt $d = 1$. Aus $R_{XX}(0) = c + d = \sigma^2 + (E[X])^2$ erhält man $c + d = 1,04$ und damit $c = 0,04$.

c) Die Autokorrelationsfunktion lautet $R_{XX}(\tau) = 0,04e^{-|\tau|} + 1$,

die Fourier-Transformierte kann (für jeden der Summanden) aus der Tabelle im Anhang A.1 entnommen werden, wir erhalten die rechts skizzierte spektrale Leistungsdichte

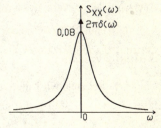

$$S_{XX}(\omega) = 2\pi\delta(\omega) + \frac{0,08}{1+\omega^2}.$$

Aufgabe 7.2.6

Die spektrale Leistungsdichte eines zeitdiskreten Signales lautet

$$S_{XX}(\omega) = \sigma^2 e^{-k|\omega|} = \begin{cases} \sigma^2 e^{k\omega} & \text{für } \omega < 0 \\ \sigma^2 e^{-k\omega} & \text{für } \omega > 0 \end{cases}, \quad k > 0.$$

Man berechne die Autokorrelationsfunktion $R_{XX}(m)$ dieses Zufallssignales.

Lösung

Nach Gl. 7.21 wird

$$R_{XX}(m) = \frac{T}{2\pi}\int_{-\pi/T}^{\pi/T} S_{XX}(\omega)e^{jm\omega T}d\omega = \frac{T}{2\pi}\int_{-\pi/T}^{0}\sigma^2 e^{k\omega}e^{jm\omega T}d\omega + \frac{T}{2\pi}\int_{0}^{\pi/T}\sigma^2 e^{-k\omega}e^{jm\omega T}d\omega =$$

$$= \frac{\sigma^2 T}{2\pi}\int_{-\pi/T}^{0} e^{\omega(k+jmT)}d\omega + \frac{\sigma^2 T}{2\pi}\int_{0}^{\pi/T} e^{-\omega(k-jmT)}d\omega = \frac{\sigma^2 T}{2\pi}\left\{\frac{e^{\omega(k+jmT)}}{k+jmT}\bigg|_{-\pi/T}^{0} - \frac{e^{-\omega(k-jmT)}}{k-jmT}\bigg|_{0}^{\pi/T}\right\} =$$

$$= \frac{\sigma^2 T}{2\pi(k^2+m^2 T^2)}\left\{(1-e^{-\pi(k+jmT)/T})(k-jmT) + (1-e^{-\pi(k-jmT)/T})(k+jmT)\right\}.$$

Mit den Beziehungen $e^{jx}+e^{-jx} = 2\cos x$ und $e^{jx}-e^{-jx} = 2j\sin x$ erhalten wir daraus die Autokorrelationsfunktion

$$R_{XX}(m) = \frac{\sigma^2 T}{\pi(k^2+m^2 T^2)}\left\{k - e^{-k\pi/T}[k\cos(m\pi) - mT\sin(m\pi)]\right\} = \frac{\sigma^2 Tk}{\pi(k^2+m^2 T^2)}[1 - e^{-k\pi/T}(-1)^m].$$

Aufgabengruppe 7.3

Bei den Aufgaben dieser Gruppe werden die Lösungen in kürzerer Form angegeben. Die Aufgaben beziehen sich auf den gesamten Stoff des 7. Lehrbuchabschnittes.

Aufgabe 7.3.1   K

Es wird behauptet, daß die rechts skizzierte Funktion $F(\tau)$ die Autokorrelationsfunktion eines stationären mittelwertfreien Signales sein soll. Welche Gründe sprechen gegen diese Aussage?

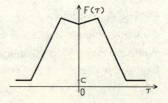

Lösung

$F(\tau)$ hat bei $\tau = 0$ kein absolutes Maximum und außerdem ist $F(\infty) \neq 0$.

Aufgabe 7.3.2   K

Ein Zufallssignal wird durch die Beziehung $X(t) = A\cos(\omega t)$ beschrieben. A ist eine normalverteilte Zufallsgröße mit $E[A] = 0$ und $\sigma_A = 1$.

a) Handelt es sich bei $X(t)$ um ein stationäres Zufallssignal?

b) Kann die Autokorrelationsfunktion mit dem im Bild 1.18 dargestellten Korrelator gemessen werden?

Lösung

a) Der Erwartungswert $E[X^2(t)] = E[A^2]\cos^2(\omega t) = \cos^2(\omega t)$ ist nicht zeitunabhängig, daher ist $X(t)$ nicht stationär.

b) Der im Bild 1.18 dargestellte Korrelator mißt die Autokorrelationsfunktion als Zeitmittelwert. Voraussetzung dazu ist die Ergodizität des Zufallssignales. $X(t)$ ist nicht stationär, also auch nicht ergodisch. Eine Messung ist demnach nicht möglich.

Aufgabe 7.3.3 K

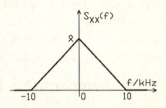

Das Bild zeigt die spektrale Leistungsdichte eines Zufallssignales mit einer mittleren Leistung $E[X^2] = 4$ V^2. Bestimmen Sie den noch nicht festgelegten Wert $\hat{x}$ und begründen Sie, daß es sich um ein mittelwertfreies Zufallssignal handelt.

Lösung

Nach Gl. 7.13 ist $E[X^2]$ die Fläche unter $S_{XX}(f)$, damit wird $\hat{x} = 4 \cdot 10^{-4}$ V^{2}s. Wenn $X(t)$ nicht mittelwertfrei wäre, würde in $S_{XX}(f)$ ein Dirac-Impuls $(E[X])^2 \, 2\pi\delta(\omega)$ auftreten.

Aufgabe 7.3.4 K

Ein mittelwertfreies stationäres Zufallssignal hat die Form $Z(t) = X(t) + Y(t)$.

a) Welche Aussagen kann man über die Teilsignale $X(t)$ und $Y(t)$ machen, wenn $R_{ZZ}(\tau) = R_{XX}(\tau) + R_{YY}(\tau)$ gilt?

b) Wie lautet $R_{ZZ}(\tau)$, wenn die beiden Teilsignale identisch sind, d.h $X(t) = Y(t)$?

Lösung

a) $X(t)$ und $Y(t)$ sind voneinander unabhängig (genauer unkorreliert).

b) $Z(t) = 2X(t)$, $R_{ZZ}(\tau) = 4R_{XX}(\tau)$.

Aufgabe 7.3.5 K

Ein Widerstand von 5 Ohm wird von einem zufälligen Strom mit der Autokorrelationsfunktion $R_{II}(\tau) = 2e^{-|\tau|}$ A^2 durchflossen.

a) Wie groß ist die in dem Widerstand verbrauchte mittlere Leistung?

b) Wie groß ist die Amplitude $\hat{i}$ eines sinusförmigen Stromes mit der gleichen mittleren Leistung?

Lösung

a) $P = R \cdot R_{II}(0) = 10$ W. **b)** $\hat{i}^2/2 = R_{II}(0) = 2$ A^2, $\hat{i} = 2$ A.

8 Lineare Systeme mit zufälligen Eingangssignalen

Die Beispiele dieses Abschnittes beziehen sich auf den 8. (bei den älteren Auflagen 7.) Abschnitt des Lehrbuches. Sie sind in drei Gruppen unterteilt. Die Aufgabengruppe 8.1 enthält acht Aufgaben bei denen die Autokorrelationsfunktionen und spektralen Leistungsdichten der Ausgangssignale von linearen Systemen zu berechnen sind. Bei den fünf Aufgaben im Abschnitt 8.2 handelt es sich um Anwendungsbeispiele in der Praxis. Schließlich enthält die Aufgabengruppe 8.3 fünf weitere Beispiele, die sich auf den gesamten Stoff beziehen und bei denen die Lösungen in kürzerer Form mit weniger Erklärungen angegeben sind.

Dem Leser wird empfohlen, die mit "E" gekennzeichneten Aufgaben zuerst zu bearbeiten. Es handelt sich hierbei um besonders charakteristische Aufgaben mit detaillierten Lösungen und oft auch noch zusätzlichen Hinweisen. Die Bezeichnung "K" bedeutet, daß die Lösungen nur in einer Kurzform angegeben sind. Die wichtigsten zur Lösung der Aufgaben erforderlichen Gleichungen sind im Abschnitt 1.8 zusammengestellt.

Aufgabengruppe 8.1

Bei den Aufgaben dieser Gruppe sind die spektralen Leistungsdichten und/oder die Autokorrelationsfunktionen der Ausgangssignale linearer Systeme zu berechnen.

Aufgabe 8.1.1 E

In dem Bild ist die Übertragungsfunktion eines idealen Bandpasses skizziert. Am Eingang des Bandpasses liegt das Signal $x(t) = 2\cos(\tilde{\omega}t) + n(t)$. Das System reagiert mit $y(t) = \hat{y}\cos(\tilde{\omega}t - \varphi) + r(t)$, wobei $r(t)$ die Systemreaktion auf $n(t)$ ist. Bei $n(t)$ handelt es sich um eine Realisierung eines

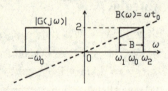

Zufallsprozesses mit der Autokorrelationsfunktion $R_{NN}(\tau) = 0,04\delta(\tau)$.

a) In welchem Bereich muß $\tilde{\omega}$ liegen? Wie groß sind die Parameter $\hat{y}$ und φ bei dem periodischen Signalanteil?

b) Man berechne und skizziere die spektrale Leistungsdichte $S_{RR}(\omega)$ des Rauschsignales $R(t)$ am Systemausgang.

c) Wie groß ist das Verhältnis der mittleren Leistung des periodischen Signales zur mittleren Rauschleistung am Ausgang des Bandpasses?

d) Man berechne und skizziere die Autokorrelationsfunktion $R_{RR}(\tau)$.

Lösung

a) Die Kreisfrequenz $\tilde{\omega}$ muß im Durchlaßbereich des Bandpasses liegen $\omega_1 < \tilde{\omega} < \omega_2$. Der periodische Signalanteil wird verzerrungsfrei übertragen, daher wird $\hat{y} = 4$, $\varphi = \tilde{\omega}t_0$ (siehe hierzu Abschnitt 1.4 und auch Aufgabe 4.2.4).

b) Bei $N(t)$ handelt es sich um weißes Rauschen, mit der spektralen Leistungsdichte $S_{NN}(\omega) = 0,04$ (siehe Gl. 7.15). Nach Gl. 8.3 erhält man die rechts skizzierte spektrale Leistungsdichte des Ausgangsrauschsignales.

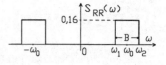

Hinweis:

Aus der Darstellung $G(j\omega) = |G(j\omega)| \, e^{-jB(\omega)}$ erkennt man, daß die Phase eines Systems keinen Einfluß auf die spektrale Leistungsdichte $S_{RR}(\omega) = |G(j\omega)|^2 S_{NN}(\omega)$ des Ausgangssignales hat. Damit ist auch die Autokorrelationsfunktion des Ausgangssignales unabhängig von $B(\omega)$.

c) Das periodische Ausgangssignal hat eine mittlere Leistung von $P_y = \hat{y}^2/2 = 8$, die mittlere Leistung des Rauschsignales berechnet sich nach Gl. 7.13. Aus dem Bild für $S_{RR}(\omega)$ folgt

$$P_R = \frac{1}{2\pi} \int_{-\infty}^{\infty} S_{RR}(\omega)d\omega = \frac{0,16 B}{\pi} = 0,0509 B,$$

wobei $B = \omega_2 - \omega_1$ die Bandbreite des Bandpasses ist. Damit erhalten wir das Verhältnis $P_y/P_R = 157/B$, es ist umso größer, je kleiner die Bandbreite des Bandpasses ist.

d) Nach Gl. 7.11 erhält man mit der oben skizzierten spektralen Leistungsdichte

$$R_{RR}(\tau) = \frac{1}{2\pi} \int_{-\infty}^{\infty} S_{RR}(\omega)e^{j\omega\tau}d\omega = \frac{1}{2\pi} \int_{-\omega_2}^{-\omega_1} 0,16 e^{j\omega\tau}d\omega + \frac{1}{2\pi}\int_{\omega_1}^{\omega_2} 0,16 e^{j\omega\tau}d\omega =$$

$$= \frac{0,08}{\pi j \tau} e^{j\omega\tau}\Big|_{-\omega_2}^{-\omega_1} + \frac{0,08}{\pi j \tau} e^{j\omega\tau}\Big|_{\omega_1}^{\omega_2} = \frac{0,08}{\pi j \tau}\left\{\left(e^{j\omega_2\tau} - e^{-j\omega_2\tau}\right) - \left(e^{j\omega_1\tau} - e^{-j\omega_1\tau}\right)\right\} =$$

$$= \frac{0,16}{\pi\tau}\{\sin(\omega_2\tau) - \sin(\omega_1\tau)\} = \frac{0,32}{\pi\tau}\cos(0,5(\omega_2 + \omega_1)\tau) \cdot \sin(0,5(\omega_2 - \omega_1)\tau).$$

Mit der Mittenfrequenz $\omega_0 = 0,5(\omega_1 + \omega_2)$ und der Bandbreite $B = \omega_2 - \omega_1$ erhält man daraus die rechts (mit $\omega_0/B = 2$) skizzierte Autokorrelationsfunktion

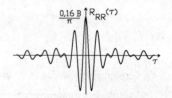

$$R_{RR}(\tau) = \frac{0,32}{\pi\tau}\sin(0,5B\tau) \cdot \cos(\omega_0\tau).$$

Aufgabe 8.1.2

Gegeben ist ein zeitdiskretes System mit der Impulsantwort

$$g(n) = s(n)e^{-knT} = \begin{cases} 0 & \text{für } n < 0 \\ e^{-knT} & \text{für } n \geq 0 \end{cases}, k > 0.$$

Man berechne und skizziere die Autokorrelationsfunktion des Ausgangssignales, wenn es sich bei dem Eingangssignal um (zeitdiskretes) weißes Rauschen mit der Autokorrelationsfunktion

$$R_{XX}(m) = \delta(m) = \begin{cases} 1 & \text{für } m = 0 \\ 0 & \text{für } m \neq 0 \end{cases}$$

handelt. Die Rechnung ist im Zeitbereich durchzuführen.

Lösung

Wegen der Eigenschaft $g(n) = 0$ für $n < 0$ (Kausalität), erhält man nach Gl. 8.10

$$R_{YY}(m) = \sum_{\mu=0}^{\infty} \sum_{\nu=0}^{\infty} R_{XX}(m + \mu - \nu) g(\mu) g(\nu).$$

Zur Auswertung dieser Summe unterscheiden wir die Fälle $m \geq 0$ und $m \leq 0$.

Fall $m \geq 0$:

Die Doppelsumme wird folgendermaßen ausgewertet

$$R_{YY}(m) = \sum_{\mu=0}^{\infty} e^{-k\mu T} \left\{ \sum_{\nu=0}^{\infty} R_{XX}(m + \mu - \nu) e^{-k\nu T} \right\}.$$

Die "innere" Summe enthält nur einen einzigen nichtverschwindenden Summanden, nämlich den bei $\nu = m + \mu$. Setzt man $\nu = m + \mu$, so wird $R_{XX}(m + \mu - \nu) = \delta(m + \mu - \nu) = \delta(0) = 1$, bei allen anderen Werten von ν wird $R_{XX}(m + \mu - \nu) = 0$. Damit wird

$$R_{YY}(m) = \sum_{\mu=0}^{\infty} e^{-k\mu T} e^{-k(m+\mu)T} = e^{-kmT} \sum_{\mu=0}^{\infty} e^{-2k\mu T} = \frac{1}{1 - e^{-2kT}} e^{-kmT}.$$

Die Auswertung der Summe erfolgte nach Gl. 6.8 (geometrische Reihe mit $q = e^{-2kT}$).

Fall $m \leq 0$:

Bei der Doppelsumme vertauschen wir die Reihenfolge gegenüber dem Fall $m \geq 0$ und erhalten

$$R_{YY}(m) = \sum_{\nu=0}^{\infty} e^{-k\nu T} \left\{ \sum_{\mu=0}^{\infty} R_{XX}(m + \mu - \nu) e^{-k\mu T} \right\}.$$

Die "innere" Summe enthält nur den Summanden, bei dem $m + \mu - \nu = 0$ wird, also ist $\mu = \nu - m$ zu setzen. Wegen $m \leq 0$ wird $\mu \geq 0$, damit erhalten wir

$$R_{YY}(m) = \sum_{\nu=0}^{\infty} e^{-k\nu T} \sum_{\mu=0}^{\infty} e^{-k(\nu-m)T} = e^{kmT} \sum_{\mu=0}^{\infty} e^{-2k\nu T} = \frac{1}{1 - e^{-2kT}} e^{kmT}, \quad m \leq 0.$$

Auch hier wurde die unendliche Summe der geometrischen Reihe nach Gl. 6.8 ausgewertet.

Die Ergebnisse für $m \geq 0$ und $m \leq 0$ lassen sich folgendermaßen zusammenfassen

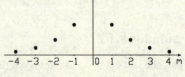

$$R_{YY}(m) = \frac{1}{1 - e^{-2kT}} e^{-k|m|T} = K e^{-k|m|T}.$$

Diese Autokorrelationsfunktion ist rechts für den Fall $e^{-kT} = 0{,}5$ (d.h. $K = 4/3$) skizziert.

Aufgabe 8.1.3

Das Bild zeigt die Impulsantwort eines Systems. Am Eingang des
Systems liegt ein zufälliges Signal mit der Autokorrelationsfunktion
$R_{XX}(\tau) = 2\delta(\tau)$. Berechnen und skizzieren Sie die spektrale Leistungs-
dichte $S_{YY}(\omega)$ des Ausgangssignales.

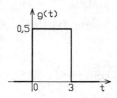

Lösung

Die Lösung erfolgt mit der Beziehung $S_{YY}(\omega) =| G(j\omega) |^2 S_{XX}(\omega)$. Nach Gl. 7.15 wird $S_{XX}(\omega) = 2$.
Die Übertragungsfunktion wird nach Gl. 2.20 berechnet:

$$G(j\omega) = \int_{-\infty}^{\infty} g(t)e^{-j\omega t}dt = \int_0^3 0,5e^{-j\omega t}dt = \frac{1}{2j\omega}(1 - e^{-j3\omega}).$$

Dann erhält man mit $e^{-3j\omega} = \cos(3\omega) - j\sin(3\omega)$

$$G(j\omega) = \frac{1}{2\omega}\{\sin(3\omega) - j[1 - \cos(3\omega)]\}, \quad | G(j\omega) |^2 = \frac{1}{4\omega^2}\{\sin^2(3\omega) + [1 - \cos(3\omega)]^2\} = \frac{1 - \cos(3\omega)}{2\omega^2}.$$

Daraus ergibt sich mit $S_{XX}(\omega) = 2$ die rechts skizzierte
spektrale Leistungsdichte des Ausgangssignales

$$S_{YY}(\omega) = \frac{1 - \cos(3\omega)}{\omega^2}.$$

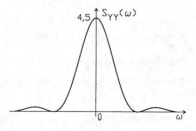

Aufgabe 8.1.4

Das Bild zeigt den Betrag der Übertragungsfunktion
eines idealen Tiefpasses mit zunächst noch unbekannter
Grenzfrequenz f_g. Bei dem Zufallssignal am Systemeingang handelt es sich um normalverteiltes weißes

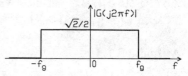

Rauschen mit der spektralen Leistungsdichte $S_{XX}(\omega) = 2$. Es ist bekannt, daß das Ausgangssignal
eine mittlere Leistung von $E[Y^2] = 1000$ aufweist.

a) Ermitteln und skizzieren Sie die spektrale Leistungsdichte des Ausgangssignales $S_{YY}(f)$ und
   berechnen Sie die Grenzfrequenz f_g des Tiefpasses.
b) Berechnen und skizzieren Sie die Autokorrelationsfunktion des Ausgangssignales.
c) Ermitteln Sie die Wahrscheinlichkeitsdichtefunktion $p(y)$. In welchem (zum Mittelwert
   symmetrischen) Bereich treten die Signalwerte mit einer Wahrscheinlichkeit von 0,997 auf.

Lösung

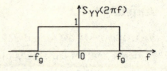

a) Mit der Beziehung $S_{YY}(\omega) = |\,G(j\omega)\,|^2\, S_{XX}(\omega)$ erhält man die rechts skizzierte spektrale Leistungsdichte des Ausgangssignales. Nach Gl. 7.13 entspricht die mittlere Signalleistung der Fläche unter (der über f aufgetragenen) spektralen Leistungsdichte. Dann wird $\mathrm{E}[Y^2] = 2 \cdot f_g = 1000$, $f_g = 500$.

b) Nach Gl. 7.11 wird

$$R_{YY}(\tau) = \frac{1}{2\pi}\int_{-\infty}^{\infty} S_{YY}(\omega)\,d\omega = \frac{1}{2\pi}\int_{-2\pi f_g}^{2\pi f_g} e^{j\omega\tau}\,d\omega = \frac{1}{2\pi j\tau} e^{j\omega\tau}\bigg|_{-2\pi f_g}^{2\pi f_g} = \frac{1}{2\pi j\tau}\Big(e^{j2\pi f_g\tau} - e^{-j2\pi f_g\tau}\Big).$$

Mit der Beziehung $e^{jx} - e^{-jx} = 2j\sin x$ erhält man daraus die rechts skizzierte Autokorrelationsfunktion

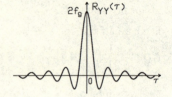

$$R_{YY}(\tau) = \frac{\sin(2\pi f_g\tau)}{\pi\tau}.$$

Bei $\tau = 0$ wird $R_{YY}(0) = \mathrm{E}[Y^2] = 2f_g = 1000$ (Rechnung mit Regel von l'Hospital). Aus $R_{YY}(\infty) = 0$ erkennt man, daß ein mittelwertfreies Signal vorliegt (siehe Gl. 7.6).

c) Es liegt ein mittelwertfreies normalverteiltes Signal mit der Streuung $\sigma_Y^2 = \mathrm{E}[Y^2] = 1000$ vor. Die Wahrscheinlichkeitsdichte hat gemäß Gl. 9.6 die Form

$$p(y) = \frac{1}{\sigma\sqrt{2\pi}} e^{-y^2/(2\sigma^2)}, \quad \sigma = \sqrt{1000}.$$

Zur Darstellung von $p(y)$ wird auf das Bild 1.23 im Abschnitt 1.9 verwiesen. Die normalverteilte Zufallsgröße $Y(t)$ liegt mit einer Wahrscheinlichkeit von 0,997 im Bereich von $-3\sigma_Y = -94,9$ bis $3\sigma_Y = 94,9$ (siehe Abschnitt 1.9).

Aufgabe 8.1.5

Gegeben ist ein Übertragungssystem mit der Übertragungsfunktion

$$G(j\omega) = \frac{1}{1 + j\sqrt{2}\,\omega + (j\omega)^2}.$$

Bei dem Eingangssignal für das System handelt es sich um normalverteiltes weißes Rauschen mit der Autokorrelationsfunktion $R_{XX}(\tau) = \delta(\tau)$.

a) Berechnen und skizzieren Sie die spektralen Leistungsdichten $S_{XX}(\omega)$ und $S_{YY}(\omega)$.

b) Berechnen Sie die mittlere Leistung des Ausgangssignales.

c) Ermitteln und skizzieren Sie die Wahrscheinlichkeitsdichte $p(y)$ des Ausgangssignales. Geben Sie den zum Mittelwert symmetrischen Bereich an, in dem das Zufallssignal $Y(t)$ mit einer Wahrscheinlichkeit von 0,997 liegt.

Lösung

a) $S_{XX}(\omega) = 1$ (siehe Gl. 7.15). Nach Gl. 8.3 wird mit der oben

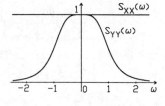

angegebene Übertragungsfunktion und $S_{XX}(\omega) = 1$

$$S_{YY}(\omega) = |G(j\omega)|^2 S_{XX}(\omega) = \frac{1}{1 + \omega^4}.$$

$S_{XX}(\omega)$ und $S_{YY}(\omega)$ sind rechts skizziert.

b) Nach Gl. 7.13 erhält man die mittlere Signalleistung

$$E[Y^2] = \frac{1}{2\pi}\int_{-\infty}^{\infty} S_{YY}(\omega)d\omega = \frac{1}{2\pi}\int_{-\infty}^{\infty}\frac{d\omega}{1 + \omega^4} = \frac{1}{4}\sqrt{2} = 0,3536.$$

Hinweis: $\displaystyle\int_{-\infty}^{\infty}\frac{dx}{1 + x^4} = \pi/\sqrt{2}$.

c) $Y(t)$ ist mittelwertfrei, weil $X(t)$ mittelwertfrei ist (siehe Gl. 8.2). Dann wird $\sigma^2 = E[Y^2] = \sqrt{2}/4$ und nach Gl. 9.6

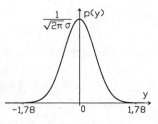

$$p(y) = \frac{1}{\sigma\sqrt{2\pi}}e^{-y^2/(2\sigma^2)}, \quad \sigma = 0,595.$$

Ein normalverteiltes Signal liegt mit einer Wahrscheinlichkeit von 0,997 im "3σ-Bereich" (siehe Abschnitt 1.9), dies ist hier der Bereich $-1,784 < Y(t) < 1,784$.

Aufgabe 8.1.6

Das Eingangssignal bei der rechts skizzierten Schaltung ist weißes Rauschen mit der Autokorrelationsfunktion $R_{XX}(\tau) = \delta(\tau)$. Die Schaltung ist so dimensioniert, daß die spektrale Leistungsdichte des Ausgangssignales folgende Form hat

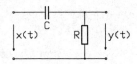

$$S_{YY}(\omega) = \frac{\omega^2}{1 + \omega^2}.$$

a) Welchen Bedingungen genügen die Bauelementewerte in der Schaltung?
b) Man berechne und skizziere die Autokorrelationsfunktion des Ausgangssignales.

Lösung

a) Aus der Beziehung $S_{YY}(\omega) = |G(j\omega)|^2 S_{XX}(\omega)$ folgt mit $S_{XX}(\omega) = 1$ bei der vorliegenden Schaltung

$$S_{YY}(\omega) = \left|\frac{R}{R + 1/(j\omega C)}\right|^2 = \left|\frac{Rj\omega C}{1 + j\omega RC}\right|^2 = \frac{\omega^2 R^2 C^2}{1 + \omega^2 R^2 C^2}.$$

Ein Vergleich mit der gegebenen Form für $S_{YY}(\omega)$ führt zu der Bedingung $R \cdot C = 1$.

b) Zur Rücktransformation schreiben wir

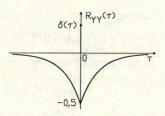

$$S_{YY}(\omega) = \frac{\omega^2}{1+\omega^2} = 1 - \frac{1}{1+\omega^2}$$

und erhalten mit den Korrespondenzen in der Tabelle A.1 die
rechts skizzierte Autokorrelationsfunktion

$$R_{YY}(\tau) = \delta(\tau) - 0,5e^{-|\tau|}.$$

Aufgabe 8.1.7   E

Der am Systemeingang anliegende Impuls $x(t)$ mit der
Breite $T_x = RC$ wird von einem normalverteilten
Rauschsignal $N(t)$ mit der Autokorrelationsfunktion
$R_{NN}(\tau) = \delta(\tau)$ überlagert.

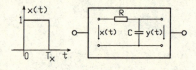

a) Berechnen und skizzieren Sie die Systemreaktion $y(t)$ des Systems auf den Eingangsimpuls
   $x(t)$. Berechnen Sie den Maximalwert von $y(t)$.
b) Berechnen Sie die spektrale Leistungsdichte $S_{RR}(\omega)$ der Systemreaktion $R(t)$ auf das
   Rauscheingangssignal $N(t)$.
c) Ermitteln und skizzieren Sie die Autokorrelationsfunktion $R_{RR}(\tau)$.
d) Berechnen Sie die Wahrscheinlichkeit dafür, daß das Rauschsignal $R(t)$ am Systemausgang
   größer als der Maximalwert von $y(t)$ ist. Das hierbei auftretende Integral braucht nicht
   ausgewertet zu werden.

Lösung

a) Das Eingangssignal $x(t)$ hat die Form $x(t) = s(t) - s(t - T_x)$. Dann lautet die Systemreaktion
$y(t) = h(t) - h(t - T_x)$.

Die Sprungantwort $h(t)$ des vorliegenden Systems kann z.B.
der Aufgabe 2.2.1 entnommen werden: $h(t) = s(t)(1 - e^{-t/(RC)})$.
Die Systemreaktion $y(t)$ ist rechts skizziert. Der Maximalwert
$y_{max} = 1 - e^{-1} = 0,632$ wird bei $t = T_x = RC$ erreicht.

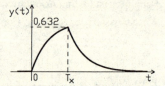

b) Nach Gl. 8.3 gilt $S_{RR}(\omega) = |G(j\omega)|^2 S_{NN}(\omega)$. Dann erhält man mit $S_{NN}(\omega) = 1$

$$S_{RR}(\omega) = \left| \frac{1/(j\omega C)}{R + 1/(j\omega C)} \right|^2 = \left| \frac{1}{1 + j\omega RC} \right|^2 = \frac{1}{1 + \omega^2 R^2 C^2}.$$

c) Wir schreiben

$$S_{RR}(\omega) = \frac{1}{1 + \omega^2 R^2 C^2} = \frac{1}{R^2 C^2} \frac{1}{1/(R^2 C^2) + \omega^2}$$

und erhalten mit den Korrespondenzen in der Tabelle A.1 die rechts skizzierte Autokorrelationsfunktion

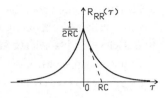

$$R_{RR}(\tau) = \frac{1}{2RC} e^{-|\tau|/(RC)}.$$

d) Aus $R_{RR}(\infty) = (\mathrm{E}[R(t)])^2 = 0$ und $R_{RR}(0) = 1/(2RC) = \mathrm{E}[R(t)^2]$ folgt, daß ein mittelwertfreies Signal mit der Streuung $\sigma_R^2 = 1/(2RC)$ vorliegt. Die Wahrscheinlichkeitsdichte dieses normalverteilten Signales lautet (siehe Gl. 9.6)

$$p(r) = \sqrt{\frac{RC}{\pi}} e^{-r^2 RC}.$$

Gemäß Gl. 9.2 ist die Wahrscheinlichkeit dafür, daß das Rauschsignal größere Werte als $y_{\mathrm{max}} = 0,632$ annimmt

$$P(R(t) > 0,632) = \int_{0,632}^{\infty} \sqrt{\frac{RC}{\pi}} e^{-r^2 RC} dr.$$

Hinweise:

1. Für das Integral zu Berechnung von $P(R(t) > 0,632)$ kann keine allgemeine Lösung angegeben werden. Eine Berechnung ist lediglich numerisch bei zahlenmäßig vorliegenden Werten für R und C möglich. Zur Lösung kann dann das sogenannte Fehlerintegral $\Phi(x)$ herangezogen werden (siehe hierzu die Ausführungen im Lehrbuchabschnitt A.4.1).

2. Der aufmerksame Leser wird bei dieser Aufgabe ggf. Probleme mit den Dimensionen der Ausdrücke haben. Diese Dimensionsprobleme beginnen schon bei der Sprungantwort $h(t) = s(t)(1 - e^{-t/(RC)})$, die im vorliegenden Fall die (nicht erkennbare) Dimension V hat. Die Autokorrelationsfunktion hat die Dimension V^2 und die spektrale Leistungsdichte V^2s (siehe Gl. 7.11). Die Beachtung dieser (nicht erkennbaren) Dimensionen führt zu widerspruchsfreien Ergebnissen, beispielsweise hat der Faktor $\sqrt{RC/\pi}$ bei der Dichtefunktion die Dimension V^{-1} und dem im Exponent stehenden Faktor RC muß die Dimension V^{-2} zugewiesen werden. Diese Probleme können durch eine normierte Rechnung umgangen werden. Am einfachsten ist es, alle Spannungen auf 1 V, die Zeiten auf 1 s, R auf 1 Ohm und C auf 1 Farad zu beziehen. Dann bleiben alle Zahlenwerte erhalten und die Ausdrücke werden dimensionslos.

Aufgabe 8.1.8

Bei einem System sind die Autokorrelationsfunktion $R_{XX}(\tau) = 2\delta(\tau)$ des Eingangssignales gegeben und die rechts skizzierte Kreuzkorrelationsfunktion

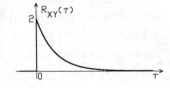

$$R_{XY}(\tau) = 2s(\tau)e^{-\tau}$$

zwischen Ein- und Ausgangssignal.

a) Ermitteln Sie die Impulsantwort und die Übertragungsfunktion des Systems. Durch was für eine Schaltung kann das System realisiert werden?

b) Berechnen und skizzieren Sie die spektrale Leistungsdichte $S_{YY}(\omega)$ des Ausgangssignales.

c) Ermitteln und skizzieren Sie die Autokorrrelationsfunktion $R_{YY}(\tau)$.

Lösung

a) Nach Gl. 8.4 gilt $S_{XY}(\omega) = G(j\omega)S_{XX}(\omega)$ und mit $S_{XX}(\omega) = 2$ wird hier $S_{XY}(\omega) = 2G(j\omega)$. Die Rücktransformation dieser Beziehung in den Zeitbereich führt zu $R_{XY}(\tau) = 2g(\tau)$. Daraus folgt $g(\tau) = 0{,}5R_{XY}(\tau)$ bzw. $g(t) = s(t)e^{-t}$. Die Fourier-Transformierte von $g(t)$ ist die Übertragungsfunktion. Mit den Korrespondenzen in der Tabelle A.1 erhält man

$$G(j\omega) = \frac{1}{1+j\omega}.$$

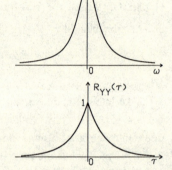

Das System kann durch eine einfache RC-Schaltung (wie bei der Aufgabe 8.1.7) mit $RC = 1$ realisiert werden.

b) Nach der Gl. 8.3 folgt mit $S_{XX}(\omega) = 2$ und der oben ermittelten Übertragungsfunktion

$$S_{YY}(\omega) = 2\left|\frac{1}{1+j\omega}\right|^2 = \frac{2}{1+\omega^2}.$$

Diese spektrale Leistungsdichte ist oben rechts skizziert.

c) Mit den Korrespondenzen in der Tabelle A.1 erhält man aus $S_{YY}(\omega)$ die rechts skizzierte Autokorrelationsfunktion

$$R_{YY}(\tau) = e^{-|\tau|}.$$

Aufgabengruppe 8.2

Die fünf Aufgaben im dieser Gruppen befassen sich mit Problemen, die einen unmittelbaren Praxisbezug aufweisen.

Aufgabe 8.2.1   E

Zur Übertragung von Binärsignalen über einen Kanal werden (Gauß-) Impulse $x(t) = \hat{x}e^{-k^2 t^2}$ verwendet. Die Fourier-Transformierte (das Spektrum) dieser Impulse lautet $X(j\omega) = \hat{x}\sqrt{\pi/k^2}\,e^{-\omega^2/(4k^2)}$. $x(t)$ und $X(j\omega)$ sind rechts (für $k = 1/\sqrt{2}$) skizziert.

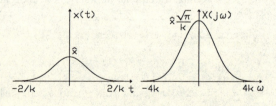

Die Impulsbreite wird etwas willkürlich mit $T_x = 4/k$ (von $-2/k$ bis $2/k$) definiert. Dies bedeutet $x(T_x/2) = 0{,}018\,x(0)$, der Impuls ist auf ca. 2% seines Maximalwertes "abgeklungen". Entsprechend wird die Bandbreite $B = \omega_g = 4k$, es gilt dann ebenfalls $X(j\omega_g) = 0{,}018\,X(0)$. Die

Impuls- und Bandbreite sind in den Bildern eingetragen. Für die weiteren Überlegungen wird so getan, als ob es sich bei $x(t)$ um einen Impuls endlicher Breite mit $T_x = 4/k$ handelt, dessen Spektrum mit der (Kreis-) Frequenz $\omega_g = 4k$ bandbegrenzt ist.

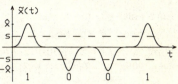

Das Bild rechts zeigt die (ungestörten) Übertragungsimpulse am Ausgang eines Übertragungskanales. Der Übertragungskanal soll sich wie ein idealer Tiefpaß mit der Grenzkreisfrequenz $\omega_g = 4k$ verhalten, so daß die Impulse $x(t)$ verzerrungsfrei übertragen werden.

Ein positiver Impuls bedeutet das Signal "1", ein negativer das Signal "0". Die Übertragung wird durch ein normalverteiltes Rauschsignal $N(t)$ gestört, so daß am Kanalausgang das Signal $\bar{x}(t) + n(t)$ empfangen wird, wobei $n(t)$ eine Realisierung von $N(t)$ ist. Falls die Spannung am Kanalausgang größer als der Schwellwert $s = \hat{x}/2$ ist, wird das Signal "1" erkannt, falls sie kleiner als $-s$ ist, bedeutet dies das Signal "0".

Die spektrale Leistungsdichte des Störsignales ist rechts skizziert, es handelt sich um bandbegrenztes weißes Rauschen. $\omega_g = 4k$ entspricht der Grenzfrequenz des Übertragungskanales.

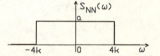

a) Ermitteln Sie die mittlere Leistung $E[N^2]$ des Rauschsignales und geben Sie die Wahrscheinlichkeitsdichte $p(n)$ an.

b) Berechnen Sie das "Signal-Rauschverhältnis" $\hat{x}^2/E[N^2]$. Wie groß muß $\hat{x}$ sein, damit das "Sendesignal" $\bar{x}(t)$ mit einer Wahrscheinlichkeit von mindestens 0,997 richtig erkannt wird?

c) Durch welche Maßnahme könnte man die "Empfangssicherheit" erhöhen? Wie verbessert sich das Signal-Rauschverhältnis durch diese Maßnahme?

Lösung

a) Nach Gl. 7.13 entpricht die mittlere Leistung der durch 2π dividierten Fläche unter der spektralen Leistungsdichte, d.h. $E[N^2] = a\omega_g/\pi = 4ak/\pi$. Das Signal ist mittelwertfrei, also $E[N] = 0$. Damit erhält man gemäß Gl. 9.6 die Dichtefunktion

$$p(n) = \frac{1}{\sigma\sqrt{2\pi}}e^{-n^2/(2\sigma^2)}, \quad \sigma = \sqrt{E[N^2]} = \sqrt{4ak/\pi}.$$

Hinweis:

Die Mittelwertfreiheit von $N(t)$ kann man z.B. dadurch nachweisen, daß die Autokorrelationsfunktion $R_{NN}(\tau)$ berechnet und nachgeprüft wird, daß $R_{NN}(\infty) = 0$ ist (siehe Gl. 7.6). Dies ist aber im vorliegenden Fall unnötig. Ein Wert $R_{NN}(\infty) \neq 0$ würde nämlich zu einer spektralen Leistungsdichte mit einem Summanden $2\pi R_{NN}(\infty) \cdot \delta(\omega)$ führen (siehe Lehrbuchabschnitt 7.5.1). $S_{NN}(\omega)$ enthält keinen Dirac-Impuls, also ist $N(t)$ mittelwertfrei.

b) Mit der oben ermittelten mittleren Rauschleistung erhält man das "Signal-Rauschverhältnis"

$$\frac{\hat{x}^2}{E[N^2]} = \frac{\pi \hat{x}^2}{4ak} = 0,785 \frac{\hat{x}^2}{ak}.$$

Ein normalverteiltes Signal liegt mit einer Wahrscheinlichkeit von 0,997 im 3σ-Bereich (siehe Abschnitt 1.9). Im Fall $s > 3\sigma = 3\sqrt{4ak/\pi}$ führt das Eintreffen eines Impulses (mit dem Maximalwert $\hat{x} = 2s$) immer zu einer Ausgangsspannung, die größer oder kleiner als s ist. Damit folgt die Bedingung $\sigma^2 = E[N^2] = 4ak/\pi < s^2/9 = \hat{x}^2/36$ oder $\hat{x} > 12\sqrt{ak/\pi}$.

c) Eine Verbesserung des Signal-Rauschverhältnisses kann durch Nachschaltung eines optimalen Suchfilters erreicht werden. Ist $y(t)$ die Reaktion des optimalen Suchfilters auf den Impuls $x(t)$ und $\tilde{N}(t)$ die Reaktion auf $N(t)$, so erhält man am Ausgang des optimalen Suchfilters nach Gl. 8.9 das Signal-Rauschverhältnis

$$\frac{\hat{y}^2}{E[\tilde{N}^2]} = \frac{W}{a}.$$

Darin ist W die Energie des Eingangssignales

$$W = \int_{-\infty}^{\infty} x^2(t)dt = \int_{-\infty}^{\infty} \left\{ \hat{x}e^{-k^2t^2} \right\}^2 dt = \hat{x}^2 \int_{-\infty}^{\infty} e^{-2k^2t^2} dt = \frac{\hat{x}^2}{k}\sqrt{\frac{\pi}{2}}.$$

Mit diesem Wert für W wird das Signal-Rauschverhältnis nach dem optimalen Suchfilter

$$\frac{\hat{y}^2}{E[\tilde{N}^2]} = \frac{\hat{x}^2}{ak}\sqrt{\frac{\pi}{2}} = 1,253 \frac{\hat{x}^2}{ak}.$$

Dies ist ein um den Faktor 1,6 besseres Verhältnis als bei Frage b.

Hinweise:

1. Zur Lösung des Integrales für W wird auf Tabellen bestimmter Integrale verwiesen.

2. Das Signal-Rauschverhältnis wird umso günstiger, je kleiner die "Höhe" a der spektralen Leistungsdichte ist. Dies ist klar, weil damit auch die Rauschleistung $E[N^2]$ reduziert wird. In gleicher Weise wirkt sich ein kleiner Wert von k günstig aus. Kleine Werte von k bedeuten "breite" Impulse (Impulsbreite $T_x = 4/k$) und eine geringe Bandbreite bzw. Grenzfrequenz des erforderlichen Übertragungskanales. Dies bedingt ebenfalls eine Reduzierung der mittleren Rauschleistung.

3. Das optimale Suchfilter kann so entworfen werden, als ob an seinem Eingang weißes Rauschen anliegt. Die Bandbegrenzung des Rauschsignales auf $\omega_g = 4k$ hat keinen Einfluß auf das Optimierungsergebnis, weil das optimale Suchfilter Tiefpaßcharakter hat und höhere Spektralanteile sowieso "weggefiltert" würden. Der Leser wird hierzu auch auf die Erklärungen im Lehrbuchabschnitt 8.2.3 verwiesen.

4. Die Impulsantwort des optimalen Suchfilters hat nach Gl. 8.7 die Form $g(t) = Kx(t_0 - t) = K\hat{x}e^{-k^2(t-t_0)^2}$. Der Betrag der Übertragungsfunktion entspricht der oben skizzierten Funktion $X(j\omega)$. Man spricht in diesem Fall von einem Gauß-Tiefpaß.

Aufgabe 8.2.2   E

Das Bild zeigt im linken Teil eine Schaltung bei der der Einfluß des Widerstandsrauschens auf das Ausgangssignal untersucht werden soll. Dabei soll der Widerstand den Wert $R = \sqrt{2L/C}$ haben. T bedeutet die absolute Widerstandstemperatur. Zu berechnen ist die durch den "rauschenden" Widerstand am Systemausgang entstehende mittlere Rauschleistung und der Effektivwert dieser Rauschspannung.

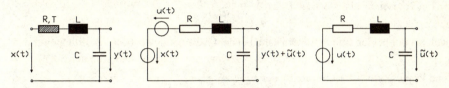

Lösung

In der Bildmitte ist der rauschende Widerstand durch seine Ersatzschaltung dargestellt (siehe Bild 1.20) und außerdem die Spannungsquelle für das Nutzsignal $x(t)$. Die Systemreaktion auf $x(t)$ wird mit $y(t)$ bezeichnet, die Ausgangsrauschspannung, also die Reaktion auf $u(t)$, mit $\tilde{u}(t)$. Zur Berechnung der Ausgangsrauschspannung wird $x(t) = 0$ gesetzt (Überlagerungssatz). Dadurch entsteht die Anordnung ganz rechts im Bild. Bei der Eingangsspannung handelt es sich um weißes Rauschen mit der spektralen Leistungsdichte $S_{UU}(\omega) = 2kRT$, wobei die Boltzmann'sche Konstante den Wert $k = 1,3803 \cdot 10^{-23}$ J/K hat (siehe Gl. 7.17). Mit der Übertragungsfunktion

$$G(j\omega) = \frac{1}{1 + j\omega RC + (j\omega)^2 LC} = \frac{1}{1 + j\omega\sqrt{2LC} + (j\omega)^2 LC}$$

erhält man gemäß Gl. 8.3 die spektrale Leistungsdichte des Rauschsignales am Systemausgang

$$S_{\tilde{U}\tilde{U}} = |G(j\omega)|^2 S_{UU}(\omega) = \frac{2kT\sqrt{2L/C}}{(1 - \omega^2 LC)^2 + \omega^2 2LC} = \frac{2kT\sqrt{2L/C}}{1 + L^2C^2\omega^4} = \frac{2kT}{L^2C^2}\sqrt{2L/C} \frac{1}{1/(L^2C^2) + \omega^4}.$$

Nach Gl. 7.13 erhalten wir die mittlere Rauschleistung

$$E[\tilde{U}^2] = \frac{1}{2\pi}\int_{-\infty}^{\infty} S_{\tilde{U}\tilde{U}}(\omega)d\omega = \frac{kT}{\pi L^2C^2}\sqrt{2L/C}\int_{-\infty}^{\infty}\frac{1}{1/(L^2C^2) + \omega^4}d\omega = \frac{kT}{\pi L^2C^2}\sqrt{2L/C}\frac{\pi\sqrt{L^3C^3}}{\sqrt{2}}.$$

Daraus folgt schließlich

$$E[\tilde{U}^2] = \frac{kT}{C}, \quad \tilde{U}_{eff} = \sqrt{\frac{kT}{C}}.$$

Die mittlere Rauschleistung am Systemausgang wird umso größer, je kleiner die Kapazität ist. Dies erklärt sich dadurch, daß ein kleiner Wert von C zu einem großen Wert des rauschenden Widerstandes $R = \sqrt{2L/C}$ führt.

Hinweis: $\int_{-\infty}^{\infty}\frac{1}{a^4 + x^4}dx = \frac{\pi}{a^3\sqrt{2}}.$

Aufgabe 8.2.3   E

Für eine Datenübertragung über einen
gestörten Kanal stehen die beiden im Bild
skizzierten Impulsformen zur Diskussion.
Bei der Datenübertragung sollen optimale
Suchfilter zum Einsatz kommen, dabei wird
von weißem Rauschen als Störsignal aus-
gegangen.

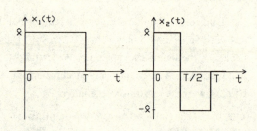

a) Mit welcher der beiden Impulsformen kann bei der Übertragung ein besseres Ergebnis erzielt
   werden?

b) Welche Impulsform wäre ungeachtet des Ergebnisses nach Frage a vorzuziehen, wenn ein
   Kanal mit einer ausreichend großen Bandbreite zur Verfügung steht, über den eine möglichst
   rasche Datenübertragung erfolgen soll?

c) Ermitteln und skizzieren Sie die Impuls- und Sprungantwort des optimalen Suchfilters bei
   Verwendung des Impulses $x_1(t)$.

d) Ermitteln und skizzieren Sie die Systemreaktion $y_1(t)$ des optimalen Suchfilters für den Impuls
   $x_1(t)$.

e) Ermitteln und skizzieren Sie die Impuls- und Sprungantwort des optimalen Suchfilters bei
   Verwendung des Impulses $x_2(t)$.

f) Ermitteln und skizzieren Sie die Systemreaktion $y_2(t)$ des optimalen Suchfilters für den Impuls
   $x_2(t)$.

Lösung

a) Nach Gl. 8.9 ist für das erreichbare Signal-Rauschverhältnis alleine die Energie

$$W = \int_{-\infty}^{\infty} x^2(t)dt$$

des Eingangssignales maßgebend. Im vorliegenden Fall besitzen die beiden Signale $x_1(t)$ und
$x_2(t)$ die gleiche Energie $W_1 = W_2 = T\hat{x}^2$. Aus diesem Grund sind beide Impulsformen
gleichwertig.

b) $x_2(t)$ hat bei gleicher Impulsdauer T ein breiteres Spektrum als $x_1(t)$, daher wäre unter diesem
Aspekt $x_1(t)$ vorzuziehen.

Hinweis:

Aus dem Ähnlichkeitssatz Gl. 3.16 folgt, daß schmale Impulse ein "breites" Spektrum haben
und breite Impulse ein "schmales" Spektrum. Siehe hierzu auch die Erklärungen im
Lehrbuchabschnitt 3.4.4.

c) Nach Gl. 8.7 gilt $g_1(t) = Kx_1(t_0 - t)$. Dies bedeutet, daß der (mit einem Faktor K multiplizierte) Impuls $x_1(t)$ um einen Wert t_0 verschoben und dann "umgeklappt" werden muß. Die "Verschiebungszeit" t_0 muß mindestens so groß wie die Impulsdauer sein, da sonst kein kausales System entsteht.

In Bild ist links $g_1(t) = x_1(T - t)$ skizziert (Werte $K = 1$, $t_0 = T$). Der rechte Bildteil zeigt die Sprungantwort $h_1(t)$. Zur Kontrolle: $g_1(t) = d\,h_1(t)/dt$.

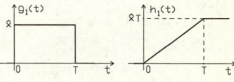

d) $x_1(t)$ kann in der Form $x_1(t) = \hat{x}s(t) - \hat{x}s(t - T)$ dargestellt werden. Damit lautet die Systemreaktion des optimalen Suchfilters $y_1(t) = \hat{x}h_1(t) - \hat{x}h_1(t - T)$. Aus dieser Beziehung erhält man mit der oben skizzierten Sprungantwort die rechts dargestellte Systemreaktion des optimalen Suchfilters.

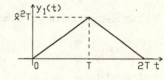

e) $g_2(t)$ erhält man, wenn der mit einem beliebigen Faktor K multiplizierte Impuls $x_2(t)$ um einen Wert t_0 verschoben und dann "umge-klappt" wird. Das Bild zeigt links $g_2(t)$ im Falle $K = 1$ und $t_0 = T$. Rechts ist die Sprungantwort skizziert. Der Leser kann zur Kontrolle die Ableitung $g_2(t) = d\,h_2(t)/dt$ bilden.

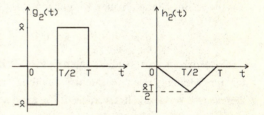

f) Mit $x_2(t) = \hat{x}s(t) - 2\hat{x}s(t - T/2) + \hat{x}s(t - T)$ erhält man $y_2(t) = \hat{x}h_2(t) - 2\hat{x}h_2(t - T/2) + \hat{x}h_2(t - T)$. Dann findet man mit der oben skizzierten Sprungantwort $h_2(t)$ die rechts dargestellte Systemreaktion $y_2(t)$ des optimalen Suchfilters. Man erkennt, daß der Maximalwert $\hat{x}^2 T$ der gleiche wie bei dem optimalen Suchfilter für $x_1(t)$ ist.

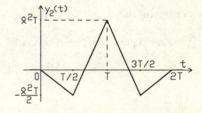

Aufgabe 8.2.4

Das Bild zeigt eine Meßanordnung zur Messung von Übertragungsfunktionen. Der Rauschgenerator liefert weißes Rauschen mit der Autokorrelationsfunktion $R_{XX}(\tau) = \delta(\tau)$. Die von dem Korrelator gemessene Kreuzkorrelationsfunktion lautet $R_{XY}(\tau) = 0,25 s(\tau)\tau e^{-\tau/2}$. Gesucht wird die Übertragungsfunktion $G(j\omega)$, wenn eine rückwirkungsfreie Zusammenschaltung der beiden Teilsysteme vorausgesetzt wird.

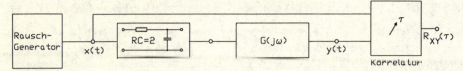

Lösung

Die Übertragungsfunktion des Gesamtsystems ist bei rückwirkungsfreier Zusammenschaltung das Produkt der beiden Teilübertragungsfunktionen, dann wird mit $RC = 2$

$$G_{ges}(j\omega) = \frac{1/(RC)}{1/(RC)+j\omega} \cdot G(j\omega) = \frac{0,5}{0,5+j\omega} \cdot G(j\omega).$$

Mit den Korrespondenzen (siehe Tabelle A.1)

$$R_{XX}(\tau) = \delta(\tau) \;O\!\!-\!\!1 = S_{XX}(\omega), \quad R_{XY}(\tau) = 0,25s(\tau)\tau e^{-\tau/2} \;O\!\!-\!\!\frac{0,25}{(0,5+j\omega)^2} = S_{XY}(\omega)$$

wird nach Gl. 8.4

$$S_{XY}(\omega) = G_{ges}(j\omega)S_{XX}(\omega) = \frac{0,5}{0,5+j\omega} \cdot G(j\omega) = \frac{0,25}{(0,5+j\omega)^2}.$$

Aus dieser Beziehung erhalten wir die gesuchte Übertragungsfunktion

$$G(j\omega) = \frac{0,5}{0,5+j\omega}.$$

Das System kann also ebenfalls durch eine RC-Schaltung mit $RC = 2$ aufgebaut werden. Wegen der rückwirkungsfreien Zusammenschaltung muß jedoch zwischen die Teilsysteme ein Trennverstärker geschaltet werden.

Aufgabe 8.2.5

Ein Rauschgenerator liefert ein Zufallssignal mit der spektralen Leistungsdichte $S_{XX}(\omega) = 1$. Für Meßzwecke benötigt man ein Zufallssignal mit der spektralen Leistungsdichte

$$S_{YY}(\omega) = \frac{1}{(1+\omega^2)^2}.$$

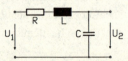

Zeigen Sie, daß zur Lösung dieser Aufgabe die rechts skizzierte Schaltung als Formfilter verwendet werden kann.

Lösung

Nach Gl. 8.3 gilt

$$S_{YY}(\omega) = |\,G(j\omega)\,|^2\,S_{XX}(\omega) = |\,G(j\omega)\,|^2 = \frac{1}{(1+\omega^2)^2} = \frac{1}{1+2\omega^2+\omega^4}.$$

Für die Schaltung erhält man die Übertragungsfunktion

$$G(j\omega) = \frac{U_2}{U_1} = \frac{1/(j\omega C)}{R+j\omega L + 1/(j\omega C)} = \frac{1}{1+j\omega RC + (j\omega)^2 LC}$$

und daraus

$$| G(j\omega) |^2 = \frac{1}{(1 - \omega^2 LC)^2 + \omega^2 R^2 C^2} = \frac{1}{1 + \omega^2 (R^2 C^2 - 2LC) + L^2 C^2 \omega^4}.$$

Der Vergleich der beiden Ausdrücke für $| G(j\omega) |^2$ führt zu den (realisierbaren) Bedingungen $LC = 1$ und $R^2 C^2 - 2LC = 2$. Mögliche (normierte) Bauelementewerte: $L = 1$, $C = 1$, $R = 2$.

Aufgabengruppe 8.3

Bei diesen Aufgaben werden die Lösungen in kürzerer Form angegeben. Die Aufgaben beziehen sich auf den gesamten Stoff des Lehrbuchabschnittes 8.

Aufgabe 8.3.1   K

Berechnen Sie die Kreuzkorrelationsfunktion zwischen dem Ein- und Ausgangssignal eines verzerrungsfrei übertragenden Systems, wenn die Autokorrelationsfunktion $R_{XX}(\tau)$ bekannt ist.

Lösung

Bei einem verzerrungsfrei übertragenden System gilt nach Gl. 4.7 $y(t) = Kx(t - t_0)$. Setzt man $y(t + \tau) = Kx(t + \tau - t_0)$ in Gl. 7.8 ein, so erhält man bei Beachtung von Gl. 7.4

$$R_{XY}(\tau) = K R_{XX}(\tau - t_0).$$

Aufgabe 8.3.2   K

Das Bild zeigt einen Impuls, der von einem Rauschsignal (weißes Rauschen) überlagert wird. $y(t)$ ist die Reaktion eines optimalen Suchfilters auf diesen Impuls. Zu berechnen ist der Maximalwert, den die Systemreaktion $y(t)$ annehmen kann.

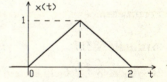

Lösung

Nach Gl. 8.8 wird dieser Maximalwert

$$y(t_0) = K \int_{-\infty}^{\infty} x^2(t)dt = K \cdot 2 \int_0^1 t^2 dt = \frac{2}{3}K.$$

K ist ein beliebiger Faktor, der ohne Einfluß auf den erreichbaren Signal-Rauschabstand ist.

Aufgabe 8.3.3   K

Das Eingangssignal der RC-Schaltung mit der Zeitkonstanten $RC = 10^{-3}$ s ist weißes Rauschen mit der Autokorrelationsfunktion $R_{XX}(\tau) = \delta(\tau)$. Die Kreuzkorrelationsfunktion zwischen Ein- und Ausgangssignal hat die Form $R_{XY}(\tau) = s(\tau)a e^{-b\tau}$. Wie groß sind die in dieser Beziehung auftretenden Konstanten a und b?

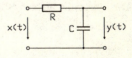

Lösung

Aus Gl. 8.4 ergibt sich $R_{XY}(\tau) = g(\tau)$. Die vorliegende Schaltung hat die Impulsantwort

$$g(t) = s(t)\frac{1}{RC}e^{-t/(RC)}$$

(Berechnung der Übertragungsfunktion und Rücktransformation). Durch Vergleich mit $R_{XY}(\tau)$ folgt $a = b = 1/(RC) = 10^3 \text{ s}^{-1}$.

Aufgabe 8.3.4   K

Gegeben ist ein binärer Übertragungskanal. Bei dem Störsignal handelt es sich um weißes Rauschen. Zur Übertragung stehen die beiden Impulse $x_1(t)$ und $x_2(t)$ zur Diskussion.

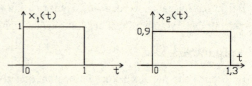

a) Welches Signal $x_1(t)$ oder $x_2(t)$ ist für die Übertragung vorzuziehen?

b) Welches Signal ist vorzuziehen, wenn zur Verbesserung des Signal-Störabstandes ein optimales Suchfilter eingesetzt wird?

Lösung

a) Der Impuls $x_1(t)$, weil er "höher" ist und sich daher Störungen bei ihm weniger stark auswirken.
b) Bei Einsatz optimaler Suchfilter ist der Impuls mit der größeren Energie vorzuziehen (Gl. 8.9). Wir erhalten $W_1 = 1$, $W_2 = 0,81 \cdot 1,3 = 1,053$. Demnach ist hier der Impuls $x_2(t)$ vorzuziehen.

Aufgabe 8.3.5   K

Begründen Sie, daß ein System mit der Übertragungsfunktion

$$G(j\omega) = \frac{1 - j\omega}{1 + j\omega}$$

nicht zum Einsatz als Formfilter geeignet ist.

Lösung

Nach Gl. 8.3 ist $S_{YY}(\omega) = |G(j\omega)|^2 S_{XX}(\omega)$. Im vorliegenden Fall erhalten wir

$$|G(j\omega)|^2 = \frac{1 + \omega^2}{1 + \omega^2} = 1.$$

Die spektrale Leistungsdichte bzw. Autokorrelationsfunktion wird durch das System nicht "verändert".

Anhang A: Korrespondenzen

A.1 Korrespondenzen der Fourier-Transformation

$f(t)$	$F(j\omega)$
$\delta(t)$	1
1	$2\pi\delta(\omega)$
$\cos(\omega_0 t)$	$\pi\delta(\omega-\omega_0)+\pi\delta(\omega+\omega_0)$
$\sin(\omega_0 t)$	$\dfrac{\pi}{j}\delta(\omega-\omega_0)-\dfrac{\pi}{j}\delta(\omega+\omega_0)$
$e^{j\omega_0 t}$	$2\pi\delta(\omega-\omega_0)$
$sgn\,t = \begin{cases} -1 \text{ für } t<0 \\ +1 \text{ für } t>0 \end{cases}$	$\dfrac{2}{j\omega}$
$s(t) = \begin{cases} 0 \text{ für } t<0 \\ 1 \text{ für } t>0 \end{cases}$	$\pi\delta(\omega)+\dfrac{1}{j\omega}$
$s(t)\cos(\omega_0 t)$	$\dfrac{\pi}{2}\delta(\omega-\omega_0)+\dfrac{\pi}{2}\delta(\omega+\omega_0)+\dfrac{j\omega}{\omega_0^2-\omega^2}$
$s(t)\sin(\omega_0 t)$	$\dfrac{\pi}{2j}\delta(\omega-\omega_0)-\dfrac{\pi}{2j}\delta(\omega+\omega_0)+\dfrac{\omega_0}{\omega_0^2-\omega^2}$
$s(t)e^{-at}$, $a>0$ bzw. $\mathrm{Re}\,a>0$	$\dfrac{1}{a+j\omega}$
$s(t)\dfrac{t^n}{n!}e^{-at}$, $a>0$ bzw. $\mathrm{Re}\,a>0$, $n=0,1,2,\ldots$	$\dfrac{1}{(a+j\omega)^{n+1}}$
$s(t)e^{-at}\cos(\omega_0 t)$, $a>0$	$\dfrac{a+j\omega}{(a+j\omega)^2+\omega_0^2}$
$s(t)e^{-at}\sin(\omega_0 t)$, $a>0$	$\dfrac{\omega_0}{(a+j\omega)^2+\omega_0^2}$
$e^{-a|t|}$, $a>0$	$\dfrac{2a}{a^2+\omega^2}$
$e^{-a|t|}\cos(\omega_0 t)$, $a>0$	$\dfrac{2a(\omega^2+\omega_0^2+a^2)}{(\omega^2-\omega_0^2)^2+a^2(2\omega^2+2\omega_0^2+a^2)}$
e^{-at^2}, $a>0$	$\sqrt{\pi/a}\;e^{-\omega^2/(4a)}$
$f(t) = \begin{cases} 1 \text{ für } |t|<T \\ 0 \text{ für } |t|>T \end{cases}$	$\dfrac{2\sin(\omega T)}{\omega}$
$f(t) = \begin{cases} 1-|t|/T \text{ für } |t|<T \\ 0 \text{ für } |t|>T \end{cases}$	$\dfrac{4\sin^2(\omega T/2)}{T\omega^2}$
$\dfrac{\sin(\omega_0 t)}{\pi t}$	$F(j\omega) = \begin{cases} 1 \text{ für } |\omega|<\omega_0 \\ 0 \text{ für } |\omega|>\omega_0 \end{cases}$

A.2 Korrespondenzen der Laplace-Transformation

$f(t)$	$F(s)$, Konvergenzbereich
$\delta(t)$	1, alle s
$s(t) = \begin{cases} 0 \text{ für } t < 0 \\ 1 \text{ für } t > 0 \end{cases}$	$\dfrac{1}{s}, \operatorname{Re} s > 0$
$s(t)\cos(\omega_0 t)$	$\dfrac{s}{\omega_0^2 + s^2}, \operatorname{Re} s > 0$
$s(t)\sin(\omega_0 t)$	$\dfrac{\omega_0}{\omega_0^2 + s^2}, \operatorname{Re} s > 0$
$s(t)e^{-at}$	$\dfrac{1}{a + s}, \operatorname{Re} s > -a \text{ bzw. } \operatorname{Re} s > \operatorname{Re} -a$
$s(t)\dfrac{t^n}{n!}e^{-at}, n = 0,1,2,\dots$	$\dfrac{1}{(a + s)^{n+1}}, \operatorname{Re} s > -a \text{ bzw. } \operatorname{Re} s > \operatorname{Re} -a$
$s(t)\dfrac{t^n}{n!}, n = 0,1,2\dots$	$\dfrac{1}{s^{n+1}}, \operatorname{Re} s > 0$
$s(t)e^{-at}\cos(\omega_0 t)$	$\dfrac{a + s}{(a + s)^2 + \omega_0^2}, \operatorname{Re} s > -a$
$s(t)e^{-at}\sin(\omega_0 t)$	$\dfrac{\omega_0}{(a + s)^2 + \omega_0^2}, \operatorname{Re} s > -a$
$s(t)t\cos(\omega_0 t)$	$\dfrac{s^2 - \omega_0^2}{(s^2 + \omega_0^2)^2}, \operatorname{Re} s > 0$
$s(t)t\sin(\omega_0 t)$	$\dfrac{2s\omega_0}{(s^2 + \omega_0^2)^2}, \operatorname{Re} s > 0$

A.3 Korrespondenzen der z-Transformation

$f(n)$	$F(z)$, Konvergenzbereich
$\delta(n)$	1, alle z
$\delta(n-i), i = 0,1,2,\dots$	$\dfrac{1}{z^i}$, alle z
$s(n) = \begin{cases} 0 \text{ für } n < 0 \\ 1 \text{ für } n \geq 0 \end{cases}$	$\dfrac{z}{z-1}, |z| > 1$
$s(n)\cos(n\omega_0 T)$	$\dfrac{z[z - \cos(\omega_0 T)]}{z^2 - 2z\cos(\omega_0 T) + 1}, |z| > 1$
$s(n)\sin(n\omega_0 T)$	$\dfrac{z\sin(\omega_0 T)}{z^2 - 2z\cos(\omega_0 T) + 1}, |z| > 1$
$s(n)e^{-anT}\cos(n\omega_0 T)$	$\dfrac{z[z - e^{-aT}\cos(\omega_0 T)]}{z^2 - 2ze^{-aT}\cos(\omega_0 T) + e^{-2aT}}, |z| > e^{-aT}$
$s(n)e^{-anT}\sin(n\omega_0 T)$	$\dfrac{ze^{-aT}\sin(\omega_0 T)}{z^2 - 2ze^{-aT}\cos(\omega_0 T) + e^{-2aT}}, |z| > e^{-aT}$
$s(n)e^{-anT}$	$\dfrac{z}{z - e^{-aT}}, |z| > e^{-aT}$
$s(n)n$	$\dfrac{z}{(z-1)^2}, |z| > 1$
$s(n)ne^{-anT}$	$\dfrac{ze^{-aT}}{(z - e^{-aT})^2}, |z| > e^{-aT}$
$s(n-1)a^{n-1}$	$\dfrac{1}{z-a}, |z| > |a|$, a auch komplex
$s(n-i)\dbinom{n-1}{i-1}a^{n-i}, i = 1,2,\dots$	$\dfrac{1}{(z-a)^i}, |z| > |a|$, a auch komplex

System- und Signaltheorie

Grundlagen für das informationstechnische Studium

von Otto Mildenberger

*2., verbesserte Auflage 1989. X, 248 Seiten
mit 149 Abbildungen. Kartoniert.
ISBN 3-528-13039-3*

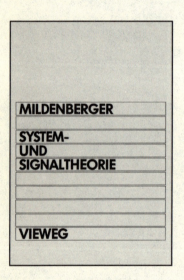

MILDENBERGER

SYSTEM-
UND
SIGNALTHEORIE

VIEWEG

Aus dem Inhalt: Grundlagen der Signal- und Systemtheorie – Ideale Übertragungssysteme – Fourier-Transformation und Anwendungen – Laplace-Transformation und Anwendungen – Zeitdiskrete Signale und Systeme – Stochastische Signale – Lineare Systeme mit zufälligen Eingangssignalen.

Die Systemtheorie ist eine grundlegende Theorie zur Beschreibung von Signalen und Systemen der Informationstechnik. Dieses Buch gibt eine Einführung und dient als Begleitbuch zu Vorlesungen. Wohl mit dem notwendigen mathematischen Aufwand erstellt, verzichtet das Buch dennoch auf die mathematisch strenge Beweisführung zugunsten von Plausibilitätserklärungen.

Verlag Vieweg · Postfach 58 29 · 65048 Wiesbaden

vieweg